材料科学研究与工程技术

U0185086

特种材料表面热喷涂与纳米化技术

Surface Thermal Spraying and Nanotechnology of Special Materials

王吉孝　王　黎　著

哈尔滨工业大学出版社
HITP　HARBIN INSTITUTE OF TECHNOLOGY PRESS

内 容 简 介

本书系统地介绍了典型热喷涂技术及焊接材料表面纳米化技术的特点,并注重对基本理论、基本概念和基本分析方法的阐述,内容包括双丝电弧喷涂技术、超音速火焰喷涂技术和材料表面纳米化技术,采用理论计算、模拟分析及试验研究等方法对特种材料表面热喷涂和纳米化技术进行了比较系统的分析和总结。全书内容丰富、层次分明,注重理论联系实际,重点突出。

本书可作为从事表面工程技术和相关专业的技术人员、研究人员、高等学校师生的参考书,也可作为热喷涂技术及表面纳米化方面的科技读物。

图书在版编目(CIP)数据

特种材料表面热喷涂与纳米化技术/王吉孝,
王黎著. —哈尔滨:哈尔滨工业大学出版社,2024.3
(材料科学研究与工程技术系列)
ISBN 978 - 7 - 5767 - 1121 - 9

Ⅰ.①特… Ⅱ.①王… ②王… Ⅲ.①热喷涂
Ⅳ.①TG174.442

中国国家版本馆 CIP 数据核字(2023)第 215411 号

策划编辑　许雅莹
责任编辑　张永芹　张　权
封面设计　刘长友
出版发行　哈尔滨工业大学出版社
社　　址　哈尔滨市南岗区复华四道街 10 号　邮编150006
传　　真　0451-86414749
网　　址　http://hitpress.hit.edu.cn
印　　刷　辽宁新华印务有限公司
开　　本　720 mm×1 000 mm　1/16　印张 13.5　字数 249 千字
版　　次　2024 年 3 月第 1 版　2024 年 3 月第 1 次印刷
书　　号　ISBN 978 - 7 - 5767 - 1121 - 9
定　　价　88.00 元

(如因印装质量问题影响阅读,我社负责调换)

前　言

热喷涂技术包括双丝电弧喷涂、超音速火焰喷涂、等离子喷涂、爆炸喷涂等技术。本书针对双丝电弧喷涂技术和超音速火焰喷涂技术，研究双丝电弧喷涂工艺参数对涂层质量的影响，通过模拟分析双丝电弧喷涂熔滴的破碎、飞行和凝固行为，并系统地测试和分析涂层的各项性能，阐明涂层与基体的界面扩散行为。利用热力学和气体动力学原理对超音速火焰喷涂燃烧室压力与温度、颗粒的速度与温度进行了理论计算，对影响涂层质量的主要因素进行了正交化试验。通过金相显微镜、扫描电子显微镜、能谱分析仪以及 X 射线衍射仪等测试方法，对超音速火焰喷涂涂层和电镀镀层的结合强度、孔隙率、显微硬度、冷热疲劳性能和磨损性能等进行对比测试与分析。利用超音速颗粒轰击技术对两种钢材的焊接接头进行轰击处理，使其表面产生纳米化层，利用金相显微镜、X射线衍射、透射电子显微镜、扫描电子显微镜等测试方法对样品进行结构表征，结果表明，在材料表层获得了纳米晶组织，随着深度的增加，晶粒尺寸逐渐增大。利用显微硬度仪测量经轰击处理后的样品表面的硬度随深度的变化，结果表明，焊接接头焊缝、热影响区和母材的硬度得到均一化，并显著提高。

本书由广东石油化工学院机电工程学院材料成型及控制工程专业王吉孝和广东石油化工学院物资招标采购中心王黎撰写。本书在内容策划与撰写过程中，得到了广东石油化工学院机电工程学院莫才颂教授、马李教授、李柏茹副教授等的支持与帮助，感谢他们提出了许多宝贵的意见。本书在完成过程中，还得到了哈尔滨焊接研究所有限公司霍树斌研究员、陈佩寅研究员、庞凤祥工程师等的支持和帮助，特别感谢霍树斌研究员在书稿完成过程中给予的大力支持和指导。同时，哈尔滨工业大学材料科学与工程学院孙剑飞教授、中国民航大学航空工程学院王志平教授、中国科学院金属研究所熊天英研究员、黑龙江工程学院王佳杰教授也提出了许多宝贵意见，在此表示衷心的感谢。

本书的出版获得了广东石油化工学院引进人才项目（No:2019rc071）的资助，在此表示感谢。

限于作者水平，书中难免存在疏漏和不足之处，恳请广大读者批评指正。

作　者
2023 年 6 月

目　　录

第1章 绪 论

1.1 热喷涂技术

表面工程技术是传统技术和高新技术的结合与贯通,包括表面热处理强化(激光、电子束和高频感应表面淬火)、表面形变强化(冷挤压、滚压和喷丸)、表面冶金强化(热喷涂、激光处理和堆焊)、化学热处理强化(渗 C、渗 N、渗 Al 和渗 B)、表面薄膜强化(离子注入、化学镀、电刷镀、电镀和物理气相沉积(Physical Vapor Deposition,PVD)和化学气相沉积(Chemical Vapor Deposition,CVD)等。

热喷涂技术是表面工程技术的重要组成部分之一,约占表面工程技术的三分之一。热喷涂即采用电弧、等离子弧和火焰等不同的热源,将粉末状或丝状的材料加热到半熔融或熔融状态后,被外加的高速气流或燃烧焰流的动力加速和雾化,以较高的速度喷射并沉积到基体上,不同的材料和喷涂工艺形成了具有特定功能的表面涂层。热喷涂涂层材料可以是粉末或者丝材,热源可以是电弧、燃烧火焰、等离子体等,高速气流根据工艺需要可以选择空气、氮气、氩气等气体。该工艺操作简便、灵活高效,涂层材料种类繁多,可以是纯金属、合金、陶瓷、金属陶瓷或塑料等。热喷涂可以制备各种功能涂层,使材料表面得到改性或强化,与其他表面处理相比,热喷涂技术具有多种技术优势。

热喷涂制备的涂层厚度多在 0.8 mm 以下,由于基体材料表面经过预处理,涂层与基体结合强度较高,可以发挥涂层的综合机械性能。热喷涂涂层是一种层状结构组织,由大量扁平颗粒相互交错堆叠在一起,不同涂层组织存在不同数量的孔隙和氧化物夹杂。热喷涂涂层形成过程如图 1.1 所示。

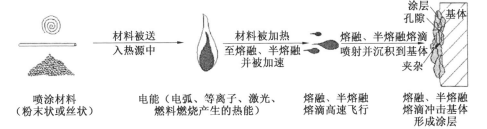

图 1.1 热喷涂涂层形成过程

Budinski 认为热喷涂是通过能量消耗,将半熔融或熔融的熔滴沉积在基体(可打底)表面的一个焊接过程。基于这一定义,可知热喷涂存在一些重要的特征:从本质上讲热喷涂是一个焊接过程;熔滴是熔融状态或半熔融状态;通过增加打底层,可以提高基体与涂层的结合强度。

热喷涂技术已有 100 年左右的历史,最近 30 年得到迅速发展,各国学者在喷涂新技术方面投入了大量精力开展研究。热喷涂技术可以分为两类,第一类称作燃烧法,第二类是通过电弧或等离子弧使喷涂材料熔化形成涂层。热喷涂的发展历程如图 1.2 所示,现阶段表面涂层技术向着梯度化涂层结构设计和复合技术的方向发展。各种热喷涂技术的比较如图 1.3 所示。

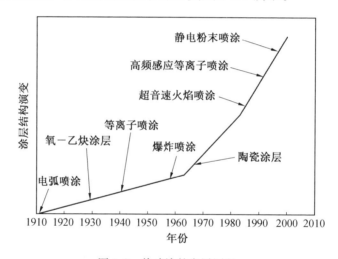

图 1.2　热喷涂的发展历程

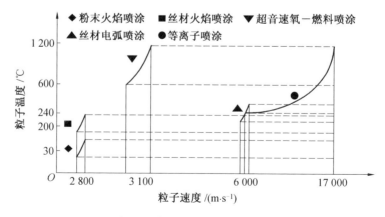

图 1.3　各种热喷涂技术的比较

热喷涂过程中,喷涂材料大致经过加热→加速→熔化→再加速→撞击基体→冷却凝固→形成涂层过程。喷涂材料经喷枪被加热、加速,形成颗粒流喷射到基体上,整体过程可近似分成四个阶段:喷涂材料被加热、熔化(喷涂材料被加热的温度、速度大小与材料的种类、粉末粒度、能源种类、喷枪构造、送粉方式等多种因素有关);熔化的材料被热气流雾化,进一步加速形成颗粒流;熔化的颗粒与周围介质发生作用;颗粒在基体上发生碰撞、变形、凝固和堆积。

热喷涂涂层是由喷涂并聚集在基体表面上的颗粒组成。一般情况下,在颗粒的外表面包有一层氧化膜,颗粒之间的熔融部分不存在这类氧化膜。在喷涂过程中由于喷涂材料中的一些元素易蒸发升华,涂层的化学成分发生变化。喷涂的熔融颗粒在与基材撞击接触的瞬间被冷却,其过程只有 $10^{-7} \sim 10^{-6}$ s,在此期间,每 1 cm^2 有 50 ~ 100 个颗粒与基材相撞并形成涂层。在涂层形成的过程中,受热喷涂技术的影响,有时会产生孔隙或其他缺陷,如图 1.1 所示。当一些喷涂颗粒平行地喷向基材时,会形成如图 1.4(a)所示的孔隙;薄片之间不完全重叠时会产生如图 1.4(b)所示的孔隙;在基材的凹坑处含有空气或其他气体会形成孔隙并发生涂层结合不良的现象,如图 1.4(c)所示。

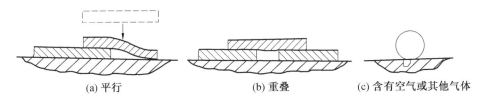

　　(a) 平行　　　　　　　(b) 重叠　　　　(c) 含有空气或其他气体

图 1.4　热喷涂涂层孔隙形成示意图

热喷涂涂层缺陷形成示意图如图 1.5 所示。涂层缺陷与喷涂颗粒的状况有关,喷涂颗粒被加热至过热状态,若颗粒中含有气体,在喷涂过程中由于颗粒表面能和撞击力很大会发生飞散,如图 1.5(a)所示。在热应力作用下,喷涂薄

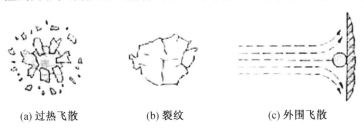

　　(a) 过热飞散　　　　　(b) 裂纹　　　　　(c) 外围飞散

图 1.5　热喷涂涂层缺陷形成示意图

片中会产生裂纹,导致产生与基体结合不良等问题,如图 1.5(b)所示。另外,颗粒大小不同,在喷涂过程中颗粒与气流的作用也不同,小颗粒比大颗粒沿气流运动的倾向大且向外围飞散,更易于氧化并与基材结合差,如图 1.5(c)所示,此缺陷与喷枪喷涂角度有关。

热喷涂是一个复杂的工艺过程,关于涂层与基材的结合机理尚无公认的定论,一般认为有两种主要作用原理,一种是涂层与基材之间的机械结合或称抛锚作用;另一种是涂层与基材之间的冶金结合或称合金化效应。涂层结合强度是影响热喷涂工艺质量的主要因素,热喷涂涂层仅靠机械结合的结合强度不高,冶金结合的存在则使结合强度大幅提高。为了实现冶金结合,首先,应使基材表面保持清洁,颗粒与基材表面获得紧密接触,使两者原子能发生作用的范围在 5 Å(1 Å = 0.1 nm)以内;当两个极其清洁的表面接近原子吸引范围时,表面自由能减少,结合力增加;两个结合面不会自发分离。随着热喷涂技术的发展,人们采取一系列措施提高涂层的结合强度,如喷涂自熔性合金后进行重熔处理、喷涂放热效应的 Ni/Al 或 Al/Ni 合金、低压等离子喷涂、提高喷涂时颗粒速度的高速氧燃料喷涂等。

印度理工学院罗巴尔分校的 Grewal 和 Singh 等研究了采用高速火焰喷涂在水轮机钢上制备 Ni-Al$_2$O$_3$ 涂层,通过调整 Al$_2$O$_3$ 不同质量分数(20% 、40%和 60%),得到如下结论:随着 Al$_2$O$_3$ 质量分数的增加,涂层的孔隙率增加;Al$_2$O$_3$ 未熔颗粒增多,粗糙度和硬度增加;Al$_2$O$_3$ 颗粒尺寸增大,裂纹长度增加,但试验中未对涂层的结合强度进行测试和分析,如图 1.6 和图 1.7 所示。图 1.6 中 1 表示未熔颗粒,2 表示部分熔化颗粒,3 表示孔隙。

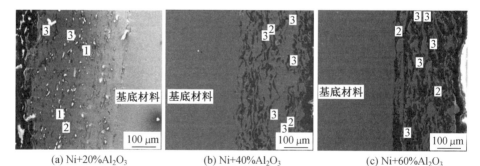

(a) Ni+20%Al$_2$O$_3$　　　　(b) Ni+40%Al$_2$O$_3$　　　　(c) Ni+60%Al$_2$O$_3$

图 1.6　火焰喷涂 Ni-Al$_2$O$_3$ 涂层截面形貌

　　美国洛约拉马利蒙特大学的 Wilhelm 等采用火焰喷涂在 6061-T6 铝合金上制备 $NiAl/Al_2O_3$-ZrO_2 双层和 $NiAl/Al_2O_3$-$ZrO_2/NiCr$-SiC 三层结构,模拟美国海军飞机起飞时的着陆垫,研究涂层的耐热性能。通过改变涂层厚度和加热时间,测量涂层的温度值。该类涂层具有代表性,但其性能显示结合强度最高只有 34 MPa,而且系统性研究较少。

　　我国从事热喷涂技术的单位主要分布在各大高校、研究院所和一些大型国有企业,它们独自或联合承担一些国家项目。这些项目大多数与其他相关领域交叉,比如焊接项目与喷涂项目等,喷涂项目包括涂层材料、涂层工艺方法和喷涂设备研究与开发工作。

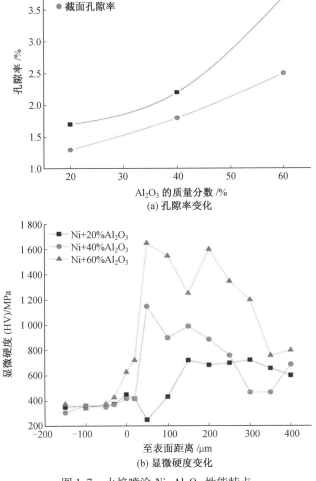

图 1.7　火焰喷涂 Ni-Al_2O_3 性能特点

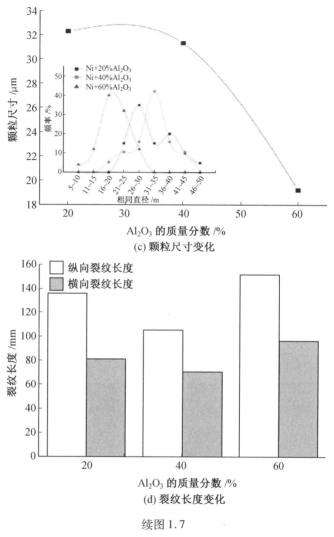

(c) 颗粒尺寸变化

(d) 裂纹长度变化

续图 1.7

　　中国宝武钢铁集团有限公司提出了关于喷涂过程中的三阶段演化规律（动能的较量、热能的较量以及创新理念和复合性能的较量）。第一阶段是动能（即颗粒飞行速度）的较量。从 20 世纪 50 年代初期的爆炸喷涂，到 80～90 年代开发的超音速电弧喷涂、超音速等离子喷涂、超音速火焰喷涂和电热爆炸喷涂等技术，为了得到结合强度高和结构更致密的涂层，都将提升颗粒速度作为首位，它是动能的一次跨越。第二阶段是热能（即热源温度）的较量，发生在 20 世纪 70 年代末期，高能等离子喷涂技术得到重大突破。在与电弧喷涂和粉末（丝材）火焰喷涂的较量中，等离子喷涂由于焰流温度能达到 15 000 ℃ 以上，解决了陶瓷材料及一些难熔金属材料的熔化问题,从而提高了涂层的结合强度以及结构致密性,是热能的一次跨越。第三阶段是创新理念和复合性能的较量,突破传统热喷涂设计理念而使综合性能提高,如硬度与韧性以及隔热与应变的涂层,冷喷涂、液料等离子喷涂和低压等离子喷涂技术。中国农业机械化科学研究院表面工程技术研究所汪瑞军等研究了高速电弧喷涂 7Cr13、3Cr13 和 NiCr-Cr_2C_3 涂层的性能和应用,得出涂层为层片状,结构更加细小、致密,涂层孔隙率和表面粗糙度降低。

1.1.1　双丝电弧喷涂技术

20 世纪 20 年代,瑞士 Schoop 提出电弧喷涂技术构思,最初主要用于装饰。1920 年被引进到日本,喷涂装置研制成功,该装置使用交流电弧为热源,但未得到真正推广。德国采用直流电源作为热源使电弧喷涂有了实用价值。30 ~ 40 年代,欧洲在电弧喷涂设备和工艺上取得了相当大的进步,电弧喷涂钢丝、锌丝和铝丝在工业部门修复机械零件和形成防护层方面得到大量使用。50 年代末至 60 年代初,电弧喷涂技术在世界各国得到迅速发展,1963 年德国举行了第三届热喷涂的会议,会议涉及电弧喷涂技术发展现状、电弧喷涂材料及电弧喷涂工艺等方面内容。

双丝电弧喷涂(Twin-Wire Arc Spraying,TWAS)技术是将两根被喷涂的金属丝作为自耗性电极,利用其端部产生的电弧作为热源来熔化金属丝材,再用压缩空气穿过电弧和熔化的液滴使之雾化,以一定速度喷向基体(零件)表面形成连续的涂层。电弧喷涂时,两根丝状金属喷涂材料用送丝装置分别通过送丝轮均匀、连续地送进电弧喷枪中的导电嘴内,导电嘴分别接电源的正、负极,并保证两根丝之间在未接触前的可靠绝缘。当两金属丝材端部由于送进而互相接触时,在端部之间短路并产生电弧,使丝材端部瞬间熔化,压缩空气将熔融金属雾化成微熔滴,以很高的速度喷射到工件表面,形成电弧喷涂层。

双丝电弧喷涂系统主要包括电源、送丝系统、电弧喷枪和辅助系统。喷涂过程中,在电弧的作用下,两金属丝材端部频繁地产生金属熔化—熔化金属脱离—熔滴雾化成微粒的过程。金属丝材端部熔化过程中,极间距离频繁地发生变化,在电源电压保持恒定时,由于电流的自调节特性,电弧电流发生频繁的波动,自动维持金属丝的熔化速度,电弧电流随着送丝速度的增加而增加。

铝和锌防腐涂层是 20 世纪 70 年代研究的主要侧重点。一些学者发现使用电弧喷涂比火焰喷涂获得的 Al 涂层质量优异且成本相对较低。20 世纪 80 年代,粉芯丝材在电弧喷涂中得到应用,欧美国家加大了对电弧喷涂技术的研发投入。高合金成分丝材易引起拔丝问题,但粉芯丝材拔丝问题得到改善,丝材中还可以添加一些不导电的粒状材料。

20 世纪 80 年代中期至 90 年代末,电弧喷涂设备发展与更新速度更快,面向精密化和自动化的方向发展,涂层质量得到进一步提高,应用越来越广泛,各个国家都非常重视电弧喷涂技术的发展。1998 年举行的第十五届国际热喷涂会议中,电弧喷涂产品及设备参展数量超过了 30%。目前,热喷涂技术向着高能、高速和高效发展。瑞士苏尔寿美科公司成功研制空气涡轮和马达送丝的各种系列喷枪,主要用于制备锌和铝涂层。

立陶宛维尔纽斯格迪米纳斯技术大学的 Gedzevicius 研究电弧喷涂过程中颗粒速度对涂层结合强度、孔隙率和氧化物质量分数的影响,见表 1.1,其中 CMES 是中国机械工程学会的缩写,喷涂丝材均为 TAFA 95MXC 粉芯丝材 (ϕ1.6 mm),电弧喷涂涂层呈层片状结构,且空气流量越大,颗粒速度越高,孔隙率越低,结合强度也较高。但空气流量较低,氧化物含量较低。在水中回收的喷涂颗粒球形度较高,尺寸分布为 5～50 μm,电弧喷涂涂层和颗粒 SEM 形貌如图 1.8 所示,可见喷枪的喷嘴设计参数对涂层性能有重要影响。

表 1.1　不同喷涂工艺参数下的涂层性能

喷枪	空气流量 /($m^3 \cdot h^{-1}$)	速度 /($m \cdot s^{-1}$)	孔隙率 /%	氧化物质量分数 /%	结合强度/MPa
TAFA 9000	90	118	0.77	13.1	52.7、49.2、62.0、53.8
	110	141	0.57	15	59.4、63.1、55.5、57.2
	130	157	0.37	14.2	67.1、68.3、56.0、48.8
改动 TAFA	90	136	1.23	12.3	54.0、64.3、50.9、67.0
	110	175	0.63	14.4	71.0、68.6、55.0、50.5
	130	189	0.31	15	53.2、58.9、51.8、63.9
标准 CMES	—	220	0.19	14.8	70.1、56.3、61.0、62.3
改动 CMES	—	236	0.46	14.8	56.5、56.7、52.1、50.3

美国明尼苏达大学的 Wang 和 Heberlein、日本东京工业大学的 Watanabe 等学者均研究了电弧喷涂过程中电流和电压对涂层性能的影响。

电弧电压对雾化气体紊流度影响很大,电弧电压波动决定紊流度大小,频率和振幅大小影响速度大小。C-d(汇聚-发散)型喷嘴频率高,振幅小,涂层的

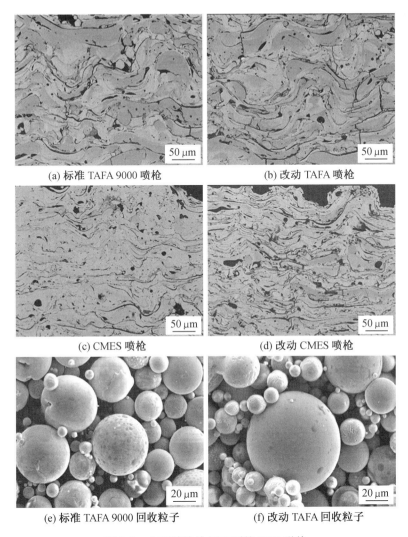

(a) 标准 TAFA 9000 喷枪

(b) 改动 TAFA 喷枪

(c) CMES 喷枪

(d) 改动 CMES 喷枪

(e) 标准 TAFA 9000 回收粒子

(f) 改动 TAFA 回收粒子

图 1.8 电弧喷涂涂层和颗粒 SEM 形貌

孔隙率和氧化物都比较低。HV-Cap(高速喷嘴)产生低频和高振幅波动,获得低孔隙率涂层,但氧化物含量较高。

较高的速度导致较高的频率和小振幅波动,涂层表现为高氧化和低孔隙率特征。相比之下,C-d 型喷嘴产生很高的速度,同时紊流度低,因此能获得低氧化和低孔隙率的涂层。随着喷涂空气压力的增大,喷涂颗粒尺寸减小。喷枪端部丝材的上端是阴极,下端是阳极。总体来说,上端的阴极雾化效果较好,不同的喷嘴结构对涂层性能影响较大,如图 1.9 ~ 1.11 所示。

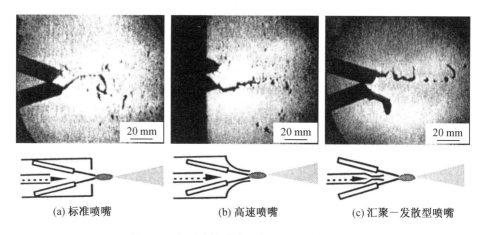

(a) 标准喷嘴   (b) 高速喷嘴   (c) 汇聚－发散型喷嘴

图 1.9   电弧喷枪喷嘴形状及丝材端部特征

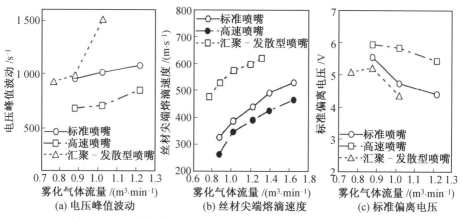

(a) 电压峰值波动   (b) 丝材尖端熔滴速度   (c) 标准偏离电压

图 1.10   不同喷嘴形状下雾化气体流量与电压参数之间的关系

（电压为 34 V,电流为 200 A,丝材为 A1）

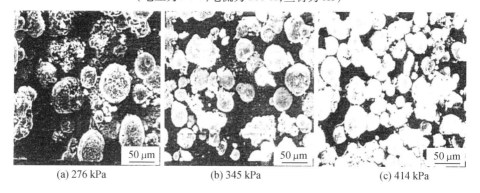

(a) 276 kPa   (b) 345 kPa   (c) 414 kPa

图 1.11   不同喷涂压力下的颗粒形貌

　　图 1.12 所示为不同喷涂压力下的涂层形貌和铝颗粒尺寸分布,从图中可以看出,随着压力(45 psi≈0.31 MPa, 65 psi≈0.45 MPa, 85 psi≈0.59 MPa)的增加,小尺寸颗粒数目越多,涂层越致密。45 psi 时,小颗粒直径主要集中在 60～75 μm 范围内;65 psi 时,小颗粒直径主要集中在 30～100 μm 范围内;而 85 psi 时,小颗粒直径主要集中在 30 μm 左右。

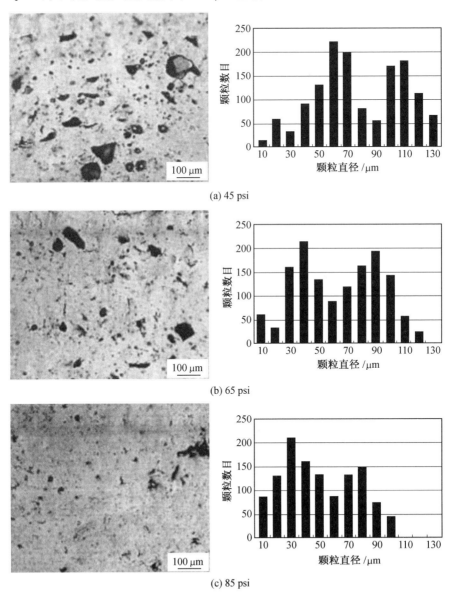

(a) 45 psi

(b) 65 psi

(c) 85 psi

图 1.12　不同喷涂压力下的涂层形貌和铝颗粒尺寸分布

电弧喷涂材料主要为导电的丝材,普通电弧喷涂热源温度为 4 000 ~ 6 000 ℃,熔滴冲击速度为 150 ~ 300 m/s,而通过改进喷枪喷嘴或使用辅气(如丙烷等),可以提高喷涂颗粒的飞行速度和温度,颗粒速度达到或超过音速,会对涂层的性能产生很大影响。

我国的喷涂技术发展迅速,许多新的电弧喷涂技术出现,包括真空电弧喷涂技术、超声电弧喷涂技术、复合超音速电弧喷涂技术、燃烧电弧喷涂技术、高速脉冲电弧喷涂技术、单丝电弧喷涂技术及等离子转移电弧喷涂(等离子粉末堆焊)技术等,电弧喷涂新技术改善了涂层质量且提高了喷涂效率。Liu、李尚周、许一的研究团队研究了高速电弧喷涂、超音速活性电弧喷涂,通过电弧喷涂制备马氏体涂层,研究了设备、工艺与涂层性能的关系,积累了许多先进的技术资料。

由于制备药芯丝材具有设备简单、生产周期短及调节化学成分方便等优点,电弧喷涂药芯丝材发展迅速。Dallaire 以及乌克兰巴顿焊接研究所的Borisov、Atteridge 通过丝材芯部使用 WC、Ni_2Ti 和 NiWC/Co 材料,研究涂层的耐磨性与喷涂工艺之间的关系。电弧喷涂一些高性能药芯丝材已在美国航空航天、发电设备和汽车工业的锅炉等领域得到广泛应用。徐滨士、贺定勇、方建筠和刘少光等采用 FeAlCrNi/Cr_3C_2、FeAl/Cr_3C_2(WC)、7Cr13 和 WC12CoNi 复合粉末以及 Al_2O_3、TiB_2 陶瓷粉和纳米 TiC 等材料制备药芯丝材,表现出硬度高、耐磨性好和高温冲蚀磨损性能优异等特点。高速电弧喷涂和普通电弧喷涂涂层截面形貌如图 1.13 所示。

中华人民解放军陆军装甲兵学院制备的 Al_2O_3 复合涂层结构如图 1.14 所示。药芯丝材生产工艺示意图如图 1.15 所示。从实际应用来看,含有 Al_2O_3 颗粒的复合涂层具有良好的防滑效果,防腐性能也相对优良,唯一不足之处是涂层结合强度较低,影响进一步使用。

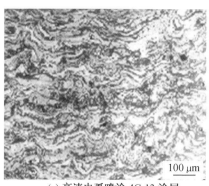 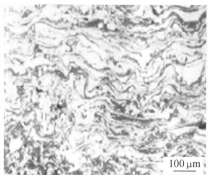

(a) 高速电弧喷涂 4Cr13 涂层　　　　　(b) 普通电弧喷涂 4Cr13 涂层

图 1.13　高速电弧喷涂和普通电弧喷涂涂层截面形貌

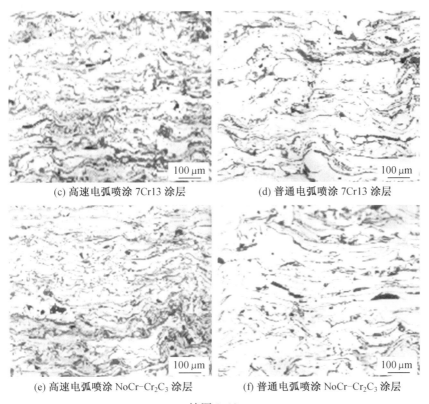

(c) 高速电弧喷涂 7Cr13 涂层　　　　　　(d) 普通电弧喷涂 7Cr13 涂层

(e) 高速电弧喷涂 NoCr–Cr$_2$C$_3$ 涂层　　　　(f) 普通电弧喷涂 NoCr–Cr$_2$C$_3$ 涂层

续图 1.13

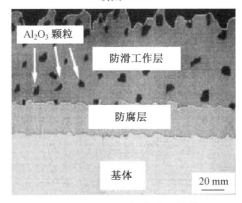

图 1.14　Al$_2$O$_3$ 复合涂层结构

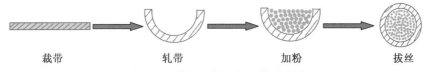

图 1.15　药芯丝材生产工艺示意图

　　双丝电弧喷涂过程中,干燥的压缩空气将电弧产生的熔滴雾化成一定尺寸范围的熔滴颗粒,其熔滴颗粒的状态很大程度影响涂层的结构、成形和涂层的性能。因此有必要研究熔滴的破碎形态与提高涂层性能的关系,建立破碎形态和涂层性能之间的内在联系,为优化电弧喷涂工艺和对涂层质量分析及评定提供更加有效的技术依据。

　　在很长的时间内,关于液滴在高速气流中的变形破碎过程,国外学者针对某些特定流场条件下液滴的破碎现象进行深入且详细的试验研究。1951 年,Lane 通过捕捉燃料液滴在气流中的轨迹,获得了液滴的变形破碎过程。Wierzba 和 Takayama、Hsiang 和 Faeth 以及 Chou 等对液滴破碎过程进行了大量的试验研究,并取得了一些有价值的研究成果。最近,一些学者(如 Liang、Micheal 和 Aalburg 等)采用数值模拟的角度研究熔滴的破碎过程,取得了一些研究成果。徐旭、蔡斌、楼建峰、魏明锐和于亮等对液滴的变形和破碎过程进行了数值模拟,分析了破碎的形式和影响因素。液滴破碎与韦伯(Weber)数和奥内佐格(Ohnesorge)数有非常大的关系,Weber 数代表惯性力和表面张力之比,即

$$We = \frac{\rho_g d_0 U_0{}^2}{\sigma}$$

式中,ρ_g 为质量密度;d_0 为液滴直径;U_0 为液滴速度;σ 为表面张力。

　　而 Ohnesorge 数代表黏性力和表面张力之比,即

$$Oh = \frac{\mu_1}{(\rho_1 d_0 \sigma)^{1/2}}$$

式中,μ_1 为动力黏度;ρ_1 为密度;d_0 直径;σ 为表面张力。

　　在低 Ohnesorge 数情况下,根据 Weber 数不同,液滴依次呈现振荡破碎、袋状破碎、多模式破碎、剪切破碎以及爆炸破碎等多个破碎模式,如图 1.16 所示。

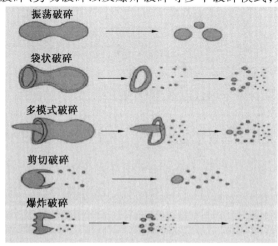

图 1.16　液滴破碎模式

电弧喷涂技术是热喷涂技术的发展方向,美国、日本等国家已规定,不用电弧喷涂技术处理的钢铁结构架是伪劣产品,而且禁止使用火焰丝材喷涂钢铁结构架。电弧喷涂技术重点应用于防腐、防磨、装饰及特种功能等几个方面,现在的电弧喷涂技术正向复合喷涂的方向发展。目前国内外使用的电弧喷涂材料有两类,分别为实芯丝材及填充所需粉料的管状丝材,喷涂材料主要包括锌及锌合金、铝及铝合金、铜及铜合金、镍铬合金、钼、锡及锡合金和管状丝材。

电弧喷涂是 20 世纪 80 年代兴起的热喷涂技术,它在近 20 年间获得迅速发展,在国际上已逐步部分取代火焰喷涂和等离子喷涂。据有关资料统计,到 20 世纪末,在所有热喷涂技术中,电弧喷涂的技术应用比例占 15%,其市场比例占第 3 位。电弧喷涂日益成为热门的热喷涂技术之一,主要应用于长效防腐涂层、机械零件修复与预保护、工业锅炉受热管件耐高温防腐蚀涂层以及电弧喷涂快速制模技术。

1.1.2 超音速火焰喷涂技术

超音速火焰喷涂技术(High Velocity Oxygen Fuel,HVOF)是于 20 世纪 80 年代在美国发明,90 年代在全球迅速发展应用的热喷涂新工艺。高速和相对较低的温度(3 400 K)是其最为突出的工艺特性,其主要贡献是大幅度提高了涂层的结合强度、密度和硬度,同时减少了涂层中的氧化物含量。航空、航天是超音速火焰喷涂技术一个非常重要和成功的应用领域,超音速火焰喷涂涂层替代飞机起落架电镀硬铬技术就是其应用之一。由于其具有性能优异和对生态环境有利的特点,而受到广泛关注和重视,目前已成为航空技术先进国家大力投入研制开发的前沿技术。

由于不同部件应用的环境不同,受到的机械载荷不同,腐蚀和磨损的机理也千差万别,同时需要考虑涂层的成本问题,因此对于不同的应用领域,必须考虑采用不同的涂层材料来取代电镀 NiCo 镀层。

1. 耐磨性

涂层耐磨性是一项非常重要的指标,对涂层的各种耐磨性有非常详细的研究报道。在涂层耐磨粒磨损试验中只有 NiCr 涂层稍逊于电镀 NiCo 镀层,而 WCCo/CoCrMo 涂层耐磨性是电镀 NiCo 镀层耐磨性的 2.5 倍。

2. 耐蚀性

耐蚀性主要包括 3 种腐蚀试验,分别为 ASTM Bl17 盐雾试验、GM9540P/B 循环腐蚀试验以及大气腐蚀试验。前两种试验在盐雾腐蚀箱中进行,而大气腐蚀试验则在靠近海边的地方进行,并且每周给试样喷洒盐水。对 AerMet 100

钢表面的硬铬镀层以及 HVOF 涂层在 500 h 和 1 000 h 盐雾试验后的形貌进行观察,可以看出 WC10Co4Cr 涂层的耐蚀性优于电镀 NiCo 镀层。研究证明等离子喷涂和 HVOF 制备 WC–Co、WCCoCr、CrCo 等涂层的耐盐雾腐蚀性能明显优于电镀 NiCo 镀层。飞机起落架盐雾腐蚀试验结果表明,HVOF WCCoCr 涂层经 750 h 盐雾腐蚀后未发生腐蚀,其耐蚀性优于电镀 NiCo 镀层。

3. 涂层对基体耐疲劳特性的影响

对于许多电镀 NiCo 镀层的应用领域来说,所镀的部件对疲劳特性非常敏感,特别是对于航空工业中应用的系统,如飞机起落架和液压传动装置,直接关系整个系统的安全。因此在用 HVOF 涂层替代电镀 NiCo 镀层之前,必须研究清楚 HVOF 涂层对基体耐疲劳特性的影响。众所周知,电镀 NiCo 镀层中存在拉应力,会对基体耐疲劳特性产生非常不利的影响,在设计疲劳敏感部件时是必须考虑的重要因素。但是,对于 HVOF 涂层来说,通过精确控制沉积工艺,可以确保沉积的 HVOF 涂层处于压应力状态。试验结果表明,HVOF 涂层对基体耐疲劳特性的影响比电镀 NiCo 镀层小。

电镀 NiCo 试样和 HVOF 试样的室温疲劳试验的结果一致,HOVF 试样的疲劳强度有一些降低,而电镀 NiCo 试样则明显降低,说明应用 HVOF 涂层对疲劳寿命的影响比电镀 NiCo 镀层小。研究表明,航空用 4340 钢电镀 NiCo 镀层和 HVOF WCCo 涂层的疲劳曲线中,相同厚度的 WCCo 涂层与电镀 NiCo 镀层比较,HVOF WCCo 涂层疲劳特性优于电镀 NiCo 镀层。电镀 NiCo 镀层与 HVOF WCCo 涂层的成本比较如图 1.17 所示。

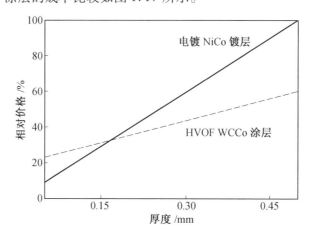

图 1.17　电镀 NiCo 镀层与 HVOF WCCo 涂层的成本比较

根据有关数据及资料,将 HVOF 和电镀工艺特点进行总结,见表 1.2。

表 1.2　HVOF 和电镀工艺特点总结

项目	HVOF	电镀
设备费用	低	高
工作空间要求	小	大
涂/镀层厚度	均匀,可以很厚	不均匀,有限制
化学溶液控制	不需要	严格
废物处理问题	不需要	必需
工艺步骤	3 步	6~8 步
沉积速率	快	慢
工件尺寸限制	无	有
机动性	好	差
现场修复能力	好	差

热喷涂是一项比较成熟的技术,有报道称,采用在高温下硬度不显著下降的自熔合金涂层,并辅以增强涂层与基体结合的技术措施喷涂后的连铸结晶器的耐用性超过 25 万 t,为镀 Cr 层的 10 倍以上。日本三岛光产株式会社开发的在结晶器上热喷涂 NiCr 合金的方法,是通过对连铸结晶器表面喷涂质量分数为 14%~17% 的 Cr 和其他元素组成的 NiCr 系合金的方法制备,喷涂层的高温硬度在 600~650 ℃ 范围内下降很少。在 300 ℃ 的温度下,NiCr 合金的喷涂层的耐磨性比镀 Ni 层提高了 5~7 倍,其使用寿命是原来电镀 Ni 结晶器的 3~6 倍。到 2001 年为止,日本国内供货约 10 000 块。这项技术在国际上也受到好评,并已经向美国的 Unimold 公司和奥地利奥钢联(Voest-Alpine-stahl Linz)转让了这项技术。

目前,有学者对超音速火焰喷涂替代电镀进行研究,采用热喷涂技术制备非晶涂层、纳米涂层及非晶纳米晶复合涂层的研究报道比较多。利用热喷涂表面涂层技术结合非晶纳米晶复合涂层技术,可以在基体表面获得一层综合性能优异的高硬度耐磨涂层,是可能用于连铸结晶器的表面处理技术。并且热喷涂技术具有喷涂材料丰富,能赋予工件表面耐磨、耐蚀、耐高温、基体内残余应力小等多项性能。另外,其工艺和操作简单、灵活,特别适用于现场施工和工件表面修复,可以很好地提高生产效率,节约成本。超音速火焰喷涂技术的发展,以及各种新型高质量喷涂材料的不断开发,基本克服了涂层的结合强度低、抗冲击性能差等弱点。相对于电镀工艺,超音速火焰喷涂技术克服了电镀镀层产生的缺点,具有巨大的市场潜力和竞争力。

在连铸生产中,结晶器是连续铸钢设备的关键部位,是连铸机的"心脏"。铜板是结晶器的核心,结晶器铜板作为连铸从液态钢水到凝固成固态坯壳的重要导热部件,其技术性能直接影响连铸的表面质量、连铸机拉速及连铸作业率等指标。结晶器铜板在工作过程中,一侧与液态钢水(坯壳)接触,将大量热量通过对流、辐射、传导来传递到冷却水中;凝固层的胚壳、保护渣、铜板之间在拉力作用下存在较严重的摩擦,造成铜板的磨损。因此,对结晶器铜板性能的基本要求是良好的导热性和抗变形能力、较高的高温强度和表面精度、足够高的硬度和耐磨性、足够长的工作寿命、较低的吨钢成本。

为了满足连铸需要,结晶器从普通铜板发展到铬锆铜板,后又在铬锆铜板表面加工电镀层,使结晶器的使用寿命得到较大提升,连铸生产率也得到极大提高,但是电镀层在长期生产中存在安全厚度受限制、镀层无论厚薄都有裂纹存在、随温度升高硬度迅速降低、镀层容易在高温状态起皮剥落等问题。

连铸结晶器的表面处理技术对于防止铸坯表面的缺陷和延长结晶器寿命是很有效的。热喷涂作为材料表面的一种改进技术,是用于制备耐磨耐蚀非晶纳米晶复合涂层的有效方法,特别是近年高能高速热喷涂技术的发展,基本克服了以往热喷涂技术的不足和缺陷。就已有的连铸结晶器热喷涂技术的推广研究而言,它已经显示出在连铸结晶器表面处理方面的独特优越性。对于提高我国连铸结晶器的使用寿命和生产效率,以及降低结晶器的生产成本,具有重要意义和很好的发展前景。

1.2　材料表面纳米化技术

压力容器是石油化工企业的主体静设备,压力容器的制造、维修和安全监察技术水平是反映国家综合实力的一个重要标志。20 世纪 90 年代,我国在用固定式压力容器总数高达 126 万余台,其中反应容器为 13.39 万台、换热容器为 40.83 万台、分离容器为 36.24 万台、储存容器为 26.26 万台、大于 50 m^3 球罐为 0.85 万台、其他容器为 9.28 万台。为了实现安全生产,避免压力容器的泄漏和爆炸给国家财产和人民生命安全带来严重损失,国家每年都投入大量的人力和财力对压力容器进行严格的安全监察,尽管如此,每年还是发生多起压力容器安全事故(表 1.3)。

表1.3 10年间压力容器安全事故统计表

年份	设备数量 /万台	爆炸事故 /起	设备万台 事故率/%	死亡人数 /人	受伤人数 /人	直接经济损失 /万元
1990	96.6	108	1.12	48	107	—
1991	99.8	113	1.13	86	197	—
1992	106	92	0.87	60	136	—
1993	109	107	0.98	47	223	—
1994	112.4	84	0.75	80	343	—
1995	115.8	95	0.82	85	427	—
1996	122.2	75	0.61	76	115	—
1997	120.7	83	0.69	79	323	—
1998	122.9	35	0.44	42	86	1 240.1
1999	—	40	—	31	110	1 291.95

　　压力容器安全事故的发生不排除人为操作失误造成的,但95%以上是由技术失效引起的。美国杜邦化学公司曾对其所属工厂压力容器的失效原因进行详细分析,结果表明,在其发生的685起压力容器失效事故中,有55.2%是由腐蚀引起的,并且有18.4%是由应力腐蚀造成的,所以压力容器的应力腐蚀几十年来倍受各国专家的重视和研究。尽管目前对压力容器已采取多种应力腐蚀防治措施,但压力容器的应力腐蚀问题仍然是导致压力容器失效最危险和最具破坏力的技术难题。现在我国每年都有数百台球罐等大型容器由于应力腐蚀裂纹的发生而被迫停产进行修复,有的压力容器甚至不得不报废,为此石油化工企业每年支付的费用高达数千万元,而且由于停产造成的经济损失更为巨大。因此,压力容器应力腐蚀的防治技术是石油化工企业最迫切需要解决的重大技术难题之一,此难题的攻破将为石油化工企业节省数亿元的资金,同时还将为我国石油化工产品生产成本的降低和市场竞争能力的提高做出非常可观的贡献。

　　纳米材料是近年来发展起来的一种新型材料,由于其结构独特、性能优异引起各国的广泛关注。以往人们对客观世界的认识是从宏观、微观两个层次展开的,而对于介于二者之间的介观层次缺乏深入的研究,而纳米的特征尺度(1~100 nm)大于原子、分子的尺度(Å),小于宏观物体的尺度(μm),从而使纳米材料的物理特性、化学特性既不同于微观的原子、分子,也不同于宏观的物体,是人类对客观世界认识的新层次。对纳米材料的研究不仅进一步深化了人们对固体材料本质结构特征的认识,推动了材料科学的发展,更主要的是纳米材料表现出的一系列优异性能将为新一代高性能材料的设计、开发提供材料和技术基础,从而使纳米科技与信息技术和生命科学一起并列成为 21 世纪的新科技。正如著名理论物理学家、诺贝尔奖奖金获得者 Feynman 在 1959 年预言的"毫无疑问,当我们得以对细微尺度的事物加以操作的话,将大大扩充我们可能获得物性的范围"。

纳米晶体材料(Nanocrystalline Materials,NCM)是指晶粒尺寸在纳米量级(<100 nm)的多晶材料,它是由德国萨尔大学 Gleiter 于 1981 年首先提出的。其思想基础是,如果材料的晶粒尺寸不断减小,则材料中界面所占的体积分数将不断增加,当晶粒尺寸减小到纳米量级时,该体积分数可增加 50% 甚至更多。若将晶粒的形状看作球形或立方体形,则界面体积分数可近似表示为 $3\delta/d$,其中 δ 为平均晶界厚度,d 为平均晶粒尺寸。

图 1.18 所示为纳米晶体材料中原子分布的二维钢球模型,当材料的晶粒尺寸为几微米时,对应的体积分数只有 0.1% 左右;当晶粒细化到 5 nm 时,该体积分数可高达 60%。结构上的特殊性使纳米晶体材料具有许多优于传统多晶材料的性能,如高强度、高比热、高电阻率、高热膨胀系数及良好的塑性变形能力等。另外,纳米晶体结构也为改善传统脆性材料(如陶瓷和金属间化合物)的塑性提供了有效的途径。因此,纳米晶体材料不仅提供了一种理想的模型材料,使人们得以研究固体界面的本质,而且在技术应用方面也有十分广阔的前景。近年来,纳米晶体材料已成为材料科学和凝聚态物理领域研究的热点之一,得到世界各国的普遍重视和广泛深入的研究。

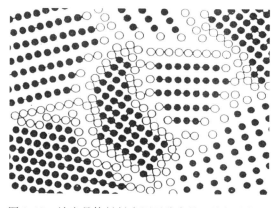

图 1.18　纳米晶体材料中原子分布的二维钢球模型

　　纳米晶体材料按其结构形态可分为四类,如图 1.19 所示。零维纳米晶体结构即纳米尺寸超微颗粒;一维纳米晶体结构即在一维方向上晶粒尺寸为纳米量级,如纳米厚度的薄膜;二维纳米晶体结构即在二维方向上晶粒尺寸为纳米量级(量子线);三维纳米晶体结构即在三维方向上晶粒尺寸为纳米尺度。

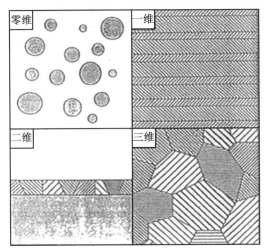

图 1.19　纳米晶体材料结构示意图

1.2.1　纳米材料的特性

　　近 20 年来,微电子器件发展迅速,总体趋势是向精细、微型、多功能方向发展,促使人们研究工作的思路由三维的物体开拓到二维或准二维的薄膜、一维或准一维的纤维,最终到准零维的超细微粒。原则上金属、非金属、有机和无机等物体均可采用物理、化学和生物等方法使其超细微化,所以它涉及各门学科、人类生活的各个领域,是一门物理、化学、冶金、材料、生物等学科相互交叉、互相联系的新学科,是由老材料在超细化过程中由量变进入质变的飞跃,从而产生了优于传统材料的特殊性能。

1. 小尺寸效应

　　当超细微粒的尺寸与光波的波长、传导电子的德布罗意波长以及超导态的相干长度或透射深度等物理特征尺寸相当或更小时,周期性的边界条件将被破坏,声、光、电磁和热力学等特性均会呈现新的小尺寸效应,如:光吸收显著增加并产生吸收峰的等离子共振频移;由磁有序态转向磁无序态;超导相向正常相的转变;声子谱的改变。

　　人们曾用装配电视录像的高倍电子显微镜对超细金属颗粒(2 nm)的结构非稳定性进行观察,实时纪录颗粒形态。通过观察发现颗粒形态可以在单晶与多晶、孪晶之间进行连续的转变,这与通常的熔化相变不同,因此提出准熔化相的概念。纳米微粒的小尺寸效应为实用开拓了新领域,如纳米尺度的强磁性颗粒(FeCo 合金、氮化铁等),当颗粒尺寸为单畴临界尺寸时,具有很高的矫顽力,可制成磁性信用卡、磁性钥匙、车票等,还可制成磁性液体,广泛用于电声器件、阻尼器件、旋转密封、润滑、选矿等领域。利用等离子共振频率随颗粒尺寸变化的性质,可以改变颗粒尺寸控制吸收边的位移,制造具有一定频宽的微波吸收纳米材料,并用于电磁波屏蔽、隐形飞机等。

2. 表面与界面效应

纳米微粒尺寸小,表面积大,位于表面的原子占相当大的比例,表 1.4 为硫化镉 CdS 纳米微粒尺寸与表面原子数的关系。

表 1.4　硫化镉 CdS 纳米微粒尺寸与表面原子数的关系

硫化镉 CdS 纳米微粒尺寸/nm	全部原子数	表面原子数占全部原子数的比例/%
10	4×10^4	20
4	3×10^3	40
2	2.5×10^2	80
1	30	99

表面原子数占全部原子数的比例与粒径的关系如图 1.20 所示。由表 1.4 和图 1.20 可知,随着粒径减小,表面原子数占全部原子数的比例迅速增加,这是由于粒径小,比表面积急剧增大所致。例如,粒径为 10 nm 时,比表面积为 90 m^2/g;粒径为 5 nm 时,比表面积为 180 m^2/g,粒径下降到 2 nm,比表面积猛增到 450 m^2/g。高比例的比表面积,使处于表面的原子数越来越多,大大增强了纳米颗粒的活性。例如,金属的纳米颗粒在空气中燃烧,无机材料的纳米颗粒暴露在大气中会吸附气体,并与气体进行反应。图 1.21 所示为单一立方结构颗粒的二维平面图,假定颗粒为圆形,实心圆代表位于表面的原子,空心圆代

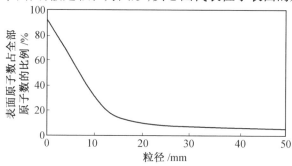

图 1.20　表面原子数占全部原子数的比例与粒径的关系

表内部原子,颗粒尺寸为 3 nm,原子间距≤0.3 nm,明显实心圆的原子近邻配位不完全,存在缺少一个近邻的 E 原子、缺少两个近邻的 D 原子和缺少三个近邻配位的 A 原子。A 表面原子极不稳定,很容易"跑"到 B 原子位置上。这些表面原子遇见其他原子,很快与之结合,使其稳定化,这就是活性高的原因,这种表面原子活性不仅引起纳米颗粒表面原子输运和构型的变化,同时也引起表面电子自旋结构像和电子能谱的变化。

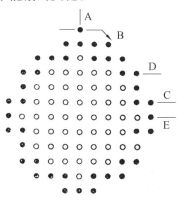

图 1.21　单一立方结构颗粒的二维平面图

3. 量子尺寸效应

量子尺寸效应是指当颗粒尺寸下降至最低值时,费米能级附近的电子能级由准连续变为离散能级的现象。Kubo 指出,电子能级间距与颗粒直径存在如图 1.22 所示的关系,并提出著名公式:

$$\delta \equiv \frac{4E_{F}}{3N} \tag{1.1}$$

式中,δ 为能级间距;E_{F} 为费米能级;N 为总电子数。

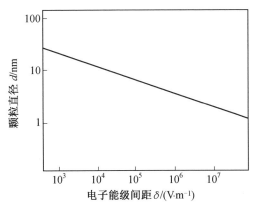

图 1.22　电子能级间距与颗粒直径的关系

宏观物体包含无限个原子(即所包含电子数 $N \to \infty$),由式(1.1)可得 $\delta \to 0$,即对大颗粒或宏观物体能级间距几乎为零;而纳米微粒包含原子数有限(即 N 值很小),导致 δ 有一定的值,即能级间距发生分裂。块状金属的电子能谱为准连续能带,当颗粒中所含原子数随着尺寸减小而降低时,费米能级附近的电子能级由准连续态分裂为分立能级,能级的平均间距与颗粒中自由电子的总数成反比。当能级间距大于热能、磁能、静磁能、静电能、光子能量或超导态的凝聚能时,必须考虑量子效应,这导致纳米微粒磁、光、声、热、电以及超导电性与宏观特性显著不同,称之为量子尺寸效应,如颗粒的磁化率、比热与所含电子的奇、偶数有关,会产生光谱线的频移、介电常数的变化等。近年来,人们还发现对于含有奇数或偶数电子的纳米微粒,其催化性质是不同的。

4. 宏观量子隧道效应

微观颗粒具有贯穿势垒的能力称为隧道效应。近年来,人们发现一些宏观量(如微颗粒的磁化强度、量子相干器件中的磁通量等)也具有隧道效应,称为宏观量子隧道效应。早期曾用宏观量子隧道效应解释超细镍微粒在低温保持超顺磁性。近年来,人们发现 Fe-Ni 薄膜中畴壁运动速度在低于某一临界温度时基本与温度无关。于是,有人提出量子力学的零点振动可以在低温起着类似热起伏的效应,从而使零温度附近微粒磁化矢量的重取向,保持有限的弛豫时间,即在绝对零度仍然存在非零的磁化反转率。可用相似的观点解释高磁晶各向异性单晶体在低温产生阶梯式的反转磁化模式,以及量子干涉器件中一些效应。

宏观量子隧道效应的研究对基础研究及实用都有着重要意义,它限定了磁带、磁盘进行信息储存的时间极限。量子尺寸效应、隧道效应将会是未来微电子器件的基础,或者它确立了现存微电子器件进一步微型化的极限。当微电子器件进一步细微化时,必须考虑上述的量子效应。

小尺寸效应、表面与界面效应、量子尺寸效应以及宏观量子隧道效应是纳米微粒与纳米固体的基本特性,它使纳米微粒和纳米固体呈现许多奇异的物理、化学性质,如高强度、良好的塑性、高比热、高膨胀率等,特别是纳米晶体表现出的超塑性行为为陶瓷材料增韧和改善金属材料的强韧综合性能提供新的可能性。

1.2.2 纳米材料的理化特性

1. 力学特性

据称,晶粒为 8 nm 的纳米固体铁的断裂应力比常规铁材料的断裂应力高

几倍,硬度高 2～3 个数量级。根据断裂强度的经验公式,可以推断材料的断裂应力与晶粒尺寸的关系:

$$\sigma_C \equiv \sigma_0 + \frac{K_C}{\sqrt{d}} \qquad (1.2)$$

式中,σ_C 为断裂应力;σ_0 与 K_C 为常数;d 为粒径。

从式(1.2)可知,当晶粒尺寸减小到足够小时,断裂强度应该变得很大,但实际上材料断裂强度的提高是有限的,因为颗粒尺寸变小后,材料的界面大大增加,而与晶粒内部相比,界面一般被看作弱区,因而进一步提高材料的强度需要提高界面的强度。Watanabe 在 Al-Sn 合金材料强度的研究中指出,当晶粒减小到微米级,材料的界面强度增加,理由是在这种情况下,特殊晶界(低能重位晶界)大大增加;当晶粒尺寸进一步减小到纳米级时,不能确定材料的断裂强度是否能大幅度提高。Gleiter 等观察到纳米 Fe 多晶体(粒径为 8 nm)的断裂强度比常规 Fe 的断裂强度高 12 倍。含 1.8% C 的纳米 Fe 晶体断裂强度为 600 kgf/mm²($1\ kgf/mm^2 = 9.8\ MPa$),相应的粗晶体材料的断裂强度为 50 kgf/mm²,表明在 Fe 的纳米晶体中占 38% 体积的界面与晶粒内部一样具有很强的抗断裂能力。

纳米晶体材料的超细晶粒及多界面特征使这类新材料可能表现出不同于普通多晶体材料的力学性质,纳米晶体的强度与晶粒尺寸的关系是一个代表性的实例。已有一些文献总结了关于纳米材料硬度的研究结果,在纳米晶体材料中,强度/硬度与晶粒尺寸的关系遵循 Hall-Patch 关系:

$$H_V = H_{V0} + kd^2$$

式中,H_{V0} 为常数;k 为正常数。

也有表现为反常的 Hall-Patch 关系,即随着晶粒尺寸的降低,其强度/硬度降低。另外,在纳米晶金属 Cu、Ni 以及金属间化合物(TiAl)和合金(NiP)中均发现硬度与晶粒尺寸的关系偏离了正常的 Hall-Patch 关系。

纳米晶体材料表现出的反常的 Hall-Patch 关系对传统材料强化理论提出了挑战,而目前对这一现象的解释众说纷纭,以往所有的解释仅限于纳米晶材料的界面作用,忽略了纳米晶体晶格结构的变化。事实上,晶格结构的变化对材料的硬度和模量有显著的作用。张皓月等发现,非晶晶化法制备的纳米晶 Se 样品中晶格畸变程度与 Hall-Patch 行为及弹性模量之间有密切关系,因此可以推断出晶格畸变可能对纳米晶体的力学性能变化有贡献。

长期以来,人们不断探求的陶瓷增韧在纳米陶瓷晶体中获得解决,纳米材料的特殊构成及大体积分数的界面使它的塑性、冲击韧性及断裂韧性与常规材料相比有很大改善,一般材料在低温下常表现为脆性,而纳米材料在低温下显示良好的塑性,这对获得高性能陶瓷材料特别重要。Karch 等研究了 CaF$_2$ 纳米晶体的低温塑性形变,样品的平均晶粒尺寸为 8 nm。图 1.23(a)所示为对纳米晶体 CaF$_2$ 样品进行形变测试装置的剖面图,首先将平展的方形样品置于两块铝箔之间,其中一块铝箔放于铅制活塞上,另一块铝箔则贴近波纹状铁制活塞,通过压缩活塞使样品发生形变。纳米晶体 CaF$_2$ 的塑性形变导致样品按铁表面的形状发生正弦弯曲,并通过向右侧的塑性流动成为细丝状,如图 1.23(b)所示。

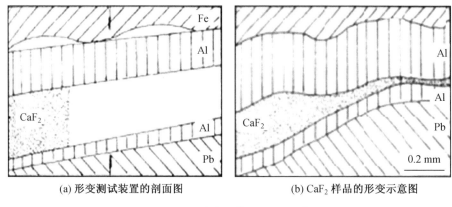

(a) 形变测试装置的剖面图　　　　　(b) CaF$_2$ 样品的形变示意图

图 1.23　纳米晶体 CaF$_2$ 的形变

理论上来说,纳米材料比常规材料具有更高的断裂韧性,因为纳米材料中的界面各向同性以及在界面附近很难有位错塞积发生,大大减少了应力集中,使微晶裂纹的出现与扩展的概率大大降低。这一点被 TiO$_2$ 纳米晶体的断裂韧性试验证实,当热处理温度为 1 073 ~ 1 273 K、TiO$_2$ 晶粒尺寸小于 100 nm 时,断裂韧性为 2.8 MPa · m$^{\frac{1}{2}}$,比常规多晶和单晶 TiO$_2$ 断裂韧性高。

2. 热学特性

纳米微粒的熔点、开始烧结温度和晶化温度均比常规粉体低得多。由于颗粒小、纳米微粒的表面能高、比表面原子数多、表面原子近邻配位不全、活性大,以及体积远小于大块材料,因此纳米颗粒熔化时所需增加的内能小得多,使纳米微粒熔点急剧下降,如大块 Pb 的熔点为 600 K,而 20 nm 球形 Pb 微粒熔点降低到 288 K;纳米 Ag 微粒在低于 373 K 时开始熔化,常规 Ag 的熔点远高于 1 273 K。

Wrondki 计算出 Au 微粒粒径与熔点的关系,结果如图 1.24 所示。由图看出,当 Au 微粒粒径小于 10 nm 时,熔点急剧下降。

纳米材料的比热比常规材料高得多,这是由于纳米材料的界面结构原子分布比较混乱,与常规材料相比,纳米材料的界面体积百分数比较大,因而纳米材料熵对比热的贡献比常规粗晶材料大得多。

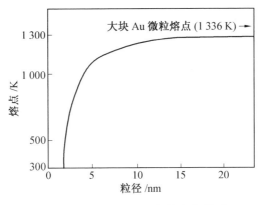

图 1.24 Au 微粒粒径与熔点的关系

固体的热膨胀与晶格的非线性振动有关,如果晶体点阵做线性振动,则不会发生膨胀现象。当温度发生变化时,晶格做非线性振动会有热膨胀发生。纳米晶体在温度发生变化时,非线性热振动可分为两部分,一部分是晶内的非线性热振动,另一部分是晶界组分的非线性热振动,往往后者的非线性振动较前者更显著,占体积百分数很大的界面对纳米晶热膨胀的贡献起主导作用,因而含有大体积百分数的纳米晶体的热膨胀系数比同类多晶常规材料的热膨胀系数高。

纳米材料热稳定性是十分重要的问题,它关系纳米材料能在什么温度范围内使用。纳米材料的界面一般能量较高,这为颗粒长大提供了驱动力,纳米晶体通常处于亚稳态,在适当的外界条件下,向较稳定的亚稳态或稳态转化,一般表现为固溶、脱溶、晶粒长大或相转变三种形式。纳米晶体一旦发生晶粒长大,即转变为普通粗晶材料,失去其优异性能,因此,纳米晶体的热稳定性一直是重要的研究课题。按照经典的多晶体晶粒长大理论,晶粒长大的驱动力($\Delta\mu$)与其晶粒尺寸成反比,随晶粒尺寸减小,晶粒长大的驱动力显著增大,即纳米晶体的晶粒长大的驱动力从理论上讲远远大于一般多晶体的晶粒长大的驱动力,甚至在常温下,纳米晶粒也难以稳定。大量试验表明,纳米晶体具有很好的热稳定性,绝大多数纳米晶体在室温下形态稳定不长大,有些纳米晶体的晶粒长大温度高达 1 000 K 以上。对于单质纳米晶体,熔点越高的物质晶粒长大温度越高,晶粒长大温度在 $0.2T_m \sim 0.4T_m$ 之间,比普通多晶体的再结晶温度(约为 $0.5T_m$)略低,而且少量杂质的存在会提高纯金属纳米晶体的热稳定性,如在 Ag 纳米晶体中加入质量分数为 7.0% 的氧,会使其晶粒长大温度由 423 K 升高到 513 K。

3. 表面活性及敏感特性

随纳米微粒粒径减小,纳米微粒比表面积增大、表面原子数增多及表面原子配位不饱和性导致大量的悬键和不饱和键等产生,这使纳米微粒具有高的表面活性。用金属纳米微粒作催化剂时要求金属纳米微粒具有高的表面活性,同时要求金属纳米微粒提高反应的选择性。金属纳米微粒粒径小于 5 nm 时，催化性和反应的选择性呈特异行为，如用硅作载体的镍纳米微粒作催化剂，当粒径小于 5 nm 时，不仅表面活性好，催化效果明显，而且对丙醛的氢化反应的选择性急剧上升，丙醛到正丙醇氢化反应优先进行，脱羰引起的副反应受到抑制。

由于纳米微粒具有大的比表面积、高的表面活性以及与气体相互作用强等，纳米微粒对周围环境十分敏感，如光、温度、气氛、湿度等，因此可用作各种传感器，如温度、气体、光、湿度等传感器。

此外，纳米材料在电学、磁学、光学有很多应用，纳米微粒具有大的比表面积、表面原子数、表面能和表面张力，它们都随粒径的下降急剧增加，因此，纳米微粒具有小尺寸效应、表面与界面效应、量子尺寸效应及宏观量子隧道效应等特点，导致纳米微粒的力、热、磁、光、敏感特性和表面稳定性等具有不同于常规颗粒的新特性。原来是良导体的金属，当尺寸减小到几个纳米时变成绝缘体；原来是典型的共价键无极性的绝缘体，当尺寸减小到几纳米或十几纳米时电阻大大下降，甚至可能导电；原来是铁磁性的颗粒可能变成超顺磁性，矫顽力为零；原来是 P-型半导体在纳米态下为 N-型半导体；常规固体在一定条件下物理性能是稳定的，在纳米态下，颗粒尺寸对性能产生强烈影响。纳米微粒具有许多独特的性质，由它构成的二维薄膜以及三维固体也表现出不同于常规块状材料和薄膜的性质，使它具有广阔应用前景。

1.2.3 纳米材料的应用前景

1. 高强度、高韧性方面的应用

在发动机中使用高温结构陶瓷的主要特性是它在高温下的高强度。相对于传统的高强度陶瓷，如果将具有更高层次的高强度陶瓷称为超高强度陶瓷，那么 21 世纪陶瓷的主要研究对象是超高强度陶瓷的开发。20 世纪 80 年代初，精密陶瓷材料(Fine Ceramics)开始受到广泛关注，精密陶瓷与普通陶瓷的区别在于它具有较高的纯度、细而均匀的粒度以及它向功能材料应用的延伸。由纳米粉制成纳米陶瓷的出现又在精密陶瓷发展的基础上开始新的突破，它改变了对陶瓷本身固有的硬脆、无韧塑的旧有观念，并且使陶瓷烧结温度大大降低，今天人们逐渐认识到，使用耐高温、高强度并具有一定韧性的纳米陶瓷制作机械结构部件是可能的。著名科学家 Cohn 指出，纳米陶瓷的出现为解决陶瓷脆性提供了新途径，是材料科学领域中具有战略意义的事件。

许多试验结果表明，在较低温度下烧结成的纳米晶 TiO_2 陶瓷硬度为普通 TiO_2 陶瓷硬度的 2~3 倍；纳米晶 TiO_2 陶瓷在 180 ℃的塑性变形量可达 100%。纳米陶瓷的塑性变形机理可能与普通大晶粒陶瓷的塑性变形机理有本质区别，当晶粒尺寸小到妨碍位错的滑移和增殖时,可能产生低温扩散蠕变机制,由于界面效应,扩散系数比普通材料高出三个数量级,达到很高的扩散蠕变速率,产生低温塑性和韧性。

2. 高熔点材料和复相材料的烧结在工程上的应用

纳米微粒的熔点远低于块状金属,如 2 nm 的金属颗粒熔点为 600 K,块状金属熔点为 1 337 K,纳米银粉熔点可降低到 373 K,此特性为粉末冶金工业提供新工艺。通常在高温下烧结的材料(如 SiC、WC、BN 等)若处于纳米状态,在较低温度下进行烧结,并且不用添加剂仍然可以保持良好的性能,这是因为界面很大且熔点低。复相材料不同相的熔点、不同相的相变温度使烧结较困难。纳米微粒的小尺寸效应以及表面与界面效应,不仅使其熔点下降,相转变温度也降低,在低温下就能进行固相反应,因此可得到烧结性能好的复相材料,日本用这种方法制备了 Sm-Co 纳米合金和复相陶瓷材料。纳米固体低温烧结特性还被广泛用于涂漆陶瓷与陶瓷薄膜之间焊接材料、陶瓷表面绘画、电子线路的衬底、低温蒸镀印刷和金属-陶瓷的低温接合等方面。

加拿大学者 Erb 等利用电解沉积的方法发展了 Ni 基合金纳米晶体作为耐磨涂层材料(如在磁性材料 NdFeB 表面),以及用于核能发电机管道的耐磨腐蚀防护层材料(以提高管道的寿命),已取得明显的效益,迄今他们已在加拿大和美国两个核电站上推广了此项技术。

3. 催化剂材料中的应用

催化剂材料是一种不断接受热源,使化学反应稳定进行的功能材料,所以,催化活性位置上反应物的接纳以及产物脱离的数量尽可能多,并根据人们的期望使反应顺利进行,这些分别被称为催化剂的活性、选择性、耐久性以及工作性,它们都是催化剂缺一不可的性能。纳米微粒由于尺寸小、表面占较大的体积百分数、表面的键态和电子态与颗粒内部不同、表面原子配位不全等导致表面的活性位置增加,因此具备作为催化剂的基本条件。关于纳米微粒表面形态的研究指出,随着粒径减小,表面光滑程度变差,形成凸凹不平的原子台阶,增加了化学反应的接触面。

近年来,科学工作者在纳米微粒催化剂的研究方面已取得一些成果,显示了纳米颗粒催化剂的优越性。目前,关于纳米颗粒的催化剂有三种:第一种是金属纳米颗粒催化剂,主要以贵金属为主,如 Pt、Rh、Ag、Pd,非贵金属有 Ni、Fe、Co 等;第二种以氧化物为载体,将粒径为 1 ~ 10 nm 的金属颗粒分散到这种多孔的衬底上,衬底的种类很多,有 Al_2O_3、SiO_2、MgO、TiO_2、沸石等;第三种是 WC、γ-Al_2O_3、γ-Fe_2O_3 等纳米颗粒聚合或者分散在载体上来实现催化作用。

用纳米颗粒进行的催化反应目前有三种类型:①直接用纳米微粒铂黑、

Ag、Al_2O_3 和 Fe_2O_3 等在高分子高聚物氧化、还原及合成反应中作催化剂,可大大提高反应效率,很好控制反应速度和温度,如使用纳米微粒铂黑催化剂,可使乙烯(C_2H_4)氢化反应的温度从 600 ℃ 降至室温,而超细的 Fe、Ni、$\gamma-Al_2O_3$ 混合轻烧结体则可代替贵金属作为汽车尾气净化的催化剂;②将纳米微粒掺和到发动机的液体和气体燃料中,可提高效率;③在火箭固体燃料中掺和 Al 的纳米微粒,可将燃烧效率提高若干倍。

4. 传感器材料中的应用

传感器是超微粒最有前途的应用领域之一。一般超微粒(金属)是黑色,具有吸收红外线等特点,而且表面积巨大、表面活性高,对周围环境敏感度(温度、气氛、光、湿度等)高,同时检测范围扩大。超微粒满足传感器功能所要求的灵敏度、响应速度以及检测范围等指标。

20 世纪 80 年代初,日本松下电器公司阿布等用蒸发法成功研制出纳米 SnO_2 传感器,通过控制真空度来实现多功能,该种传感器具有良好的选择性。在 0.05 Torr(1 Torr = 133.322 Pa)氧气中制成的 SnO_2 纳米膜对 H_2O_2 十分敏感,而对异丁烷不显示灵敏度,在 0.5 ~ 5 Torr 氧气中制成的 SnO_2 纳米膜对异丁烷加速响应。之后,他们又开发了光传感器,但至今超微粒传感器的应用研究仍处于起步阶段,要与已有的传感器竞争还需要一定的时间,但可望利用超微粒制成敏感度高的超小型、低能耗、多功能传感器。纳米陶瓷材料用于传感器显示了巨大潜力。利用纳米 NiO、FeO、CoO、$CoO-Al_2O_3$ 和 SiC 的载体温度效应引起的电阻变化,可制成温度传感器(温度计、热辐射计);利用纳米 $LiNbO_3$、$LiTiO_3$ 和 $SrTiO_3$ 的热电效应,可制成红外检测传感器;利用纳米 ZnO_2、SnO_2 和 $\gamma-Fe_2O_3$ 的半导体性质,可制成氧敏感传感器;纳米 TiO_2、CoO、MgO 还可用于汽车排气传感器。

此外,纳米材料在电磁材料上、光学材料中以及生物和医学等领域都有广阔应用。纳米微粒和纳米固体的应用目前处于起步阶段,但却显示出方兴未艾的应用前景。随着纳米材料特性的明朗化,人们对其工程上的应用寄予越来越大的希望,世界各国对纳米材料的应用抱有极大的兴趣。目前纳米尺寸微粒(金属及陶瓷)已在工业上得到应用,如作为化工催化材料、敏感(气、光)材料、吸波材料、阻热涂层材料、陶瓷的扩散连接材料等,但三维尺寸纳米材料的应用尚待进一步开发。目前阻碍纳米材料应用的因素主要是制备领域,应该克服重重困难,进一步发展和完善制备技术,开拓它的广阔应用领域。

此外纳米材料的合成与制备方法有物理法制备和化学法制备,其中,物理法制备包括纳米粉体(固体)的惰性气体冷凝法、纳米粉体的高能机械球磨法、纳米晶体非晶晶化法、纳米晶体深度塑性变形制备法、纳米薄膜的低能团簇束沉积制备法(LEBCD)、纳米薄膜物理气相沉积技术;化学法制备包括纳米粉体的湿化制备法、纳米粉体的化学气相制备法、特殊的纳米粉体制备方法、纳米薄膜的化学制备法、纳米单相及复相材料的制备。

1.2.4　金属表面纳米化的研究现状

材料的组织结构直接影响材料的使用性能,为了满足工作环境对材料的特殊需求,人们提出了多种表面改性技术,如喷丸、电镀、喷涂、气相沉积(如PVD、CVD)激光处理和表面化学处理等。这些技术通过材料表面组织结构的改善极大提高了材料的服役行为,因此在工业上取得了广泛应用。随着纳米材料与纳米技术相结合,开发利用纳米优异性能的产品有待进一步探索。

在过去的 20 年间,对纳米材料和纳米技术的研究异常活跃,主要是由于纳米材料具有独特的结构和优异的性能,对纳米材料进行研究不仅进一步深化了人们对固体材料本质结构特征的认识,也为新一代高性能材料的设计、开发提供了材料和技术基础。迄今为止,人们提出了多种纳米材料制备技术方法,如金属蒸发冷凝–原位冷压成型法、非晶晶化法、机械研磨法和强烈塑性变形法等。但是,由于制备工艺复杂,生产成本高和材料外形、尺寸有限,内部存在界面污染,孔隙类缺陷多等因素的制约,现有的制备技术至今尚未在三维块状金属材料上取得实际应用。

众所周知,大多数材料的失稳始于其表面,因此只要在材料的表面制备出一定厚度的纳米结构表层,即实现表面纳米化,就能通过表面组织和性能的优化提高材料的整体力学性能和环境服役行为。与其他纳米材料制备方法不同,表面纳米化采用常规表面处理技术或对表面处理技术进行改进即可实现在工业上应用,并不存在明显的障碍。此外,表面纳米化材料的组织沿厚度方向呈梯度变化,在使用过程中不会发生剥层和分离。因此,表面纳米化具有广阔的应用潜力。

1.2.5　表面纳米化的基本原理与制备方法

1999 年,K. Lu 和 L. Lu 提出了金属材料表面纳米化的概念,即将材料的表层晶粒细化至纳米量级以提高材料表面性能(如强度、抗蚀和耐磨性),而基体仍保持原初晶状态。表面纳米化材料与低维纳米材料(包括纳米颗粒、纳米管线和纳米膜等)及大块纳米材料构成了三大纳米材料。

现有可实现材料表面纳米化的技术可归纳为两种类型,即表面涂层或沉积纳米化和表面自身纳米化。

1. 表面涂层或沉积纳米化

表面涂层或沉积纳米化如图 1.25(a)所示。首先制备出具有纳米尺度的颗粒,再将这些颗粒固结在材料的表面,在材料上形成一个与基体化学成分相同(或不同)的纳米结构表层。这种材料的主要特征是,纳米结构表层内的晶粒大小比较均匀,表层与基体之间存在明显的界面,与处理前相比,材料的外形尺寸有所增加。许多常规表面涂层和沉积技术都具有开发、应用的潜力,如PVD、CVD、溅射、电镀和等离子体法等。通过工艺参数的调节可以控制纳米结构表层的厚度和纳米晶粒的尺寸。整个工艺过程的关键是,实现表层与基体之间以及表层纳米颗粒之间的牢固结合,并保证表层不发生晶粒长大。目前这些技术经不断的发展、完善,已经比较成熟。

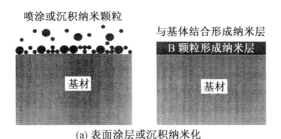

(a) 表面涂层或沉积纳米化

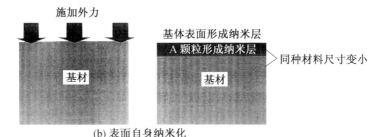

(b) 表面自身纳米化

图 1.25　材料表面纳米化的两种类型

2. 表面自身纳米化

表面自身纳米化如图 1.25(b)所示。对于多晶材料,采用非平衡处理方法增加材料的表面自由能,使粗晶组织逐渐细化至纳米量级。这种材料的主要特征是,晶粒尺寸沿厚度方向逐渐增大,纳米结构表层与基体之间不存在界面,与处理前相比,材料的外形尺寸基本不变。由非平衡过程实现表面纳米化主要有表面机械加工处理法和非平衡表面热力学法两种方法。表面自身纳米化改变了材料表面使其变成纳米结构,而材料整体的化学成分或相组成保持不变。

(1)表面机械加工处理法。在外加载荷的重复作用下,材料表面的粗晶组织通过不同方向产生的强烈塑性变形而逐渐细化至纳米量级。这种由表面机械加工处理导致的表面自身纳米化的过程包括:材料表面通过局部强烈塑性变形而产生大量的缺陷,如位错、孪晶、层错和剪切带;当位错密度增至一定程度时,发生湮没、重组,形成具有亚微米或纳米尺寸的亚晶,另外随着温度的升高,表面具有高形变储能的组织也会发生再结晶,形成纳米晶;此过程不断发展,最终形成晶体学取向随机分布的纳米晶组织。其中比较成功的方法有超声喷丸、超音速颗粒轰击、高能喷丸,利用这些方法成功地在纯铁、纯铜、铝合金、40Cr、不锈钢和低碳钢等材料表面实现了纳米化。

(2)非平衡表面热力学法。将材料快速加热,使材料表面达到熔化或相变温度,再进行急剧冷却,通过动力学控制来提高形核率,抑制晶粒长大速率,可以在材料表面获得纳米晶组织。用于实现快速加热–冷却的方法主要有激光加热和电子辐射等。

将表面自身纳米化的两种方法进行比较可以看出,由表面机械加工处理法获得的表面纳米化更具有开发应用的潜力,一方面是由于表面机械加工处理法在工业上应用不存在明显的技术障碍,另一方面是由于材料的组织沿厚度方向呈梯度变化,在使用过程中不会发生剥离和分离。因此,目前的表面纳米化研究多集中在由表面机械加工处理法获得的表面自身纳米化。

表面粗糙度是表征材料表面几何特征的参数之一。图 1.26(a)是材料的某一法向截面几何图形,其表面轮廓线反映出高度与横向距离的关系,表达了材料的二维几何特征。如图 1.26(b)所示,表面粗糙度的微观几何特征是在加工表面上具有较小间距的峰和谷组成。

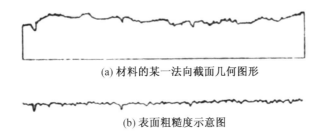

(a) 材料的某一法向截面几何图形

(b) 表面粗糙度示意图

图 1.26　表面粗糙度的微观几何特征

目前,评定表面粗糙度的标准是在二维轮廓线上采用中线制,即以轮廓的最小二乘中线为基准线评定轮廓的计算制,评定表面粗糙度的参数如下。

(1)轮廓算术平均偏差 R_a。轮廓算术平均偏差是指在取样长度 L 内,轮廓偏距绝对值的算术平均值,如图 1.27(a)所示,其表达式为

$$R_a = \frac{1}{L} \int_0^L | y(x) | \, \mathrm{d}x \qquad (1.3)$$

R_a 是最早提出的用于评定表面粗糙度的参数,为国际上大多数国家采用。

(2)轮廓最大高度 R_y。轮廓最大高度是指在取样长度 L 内,轮廓峰顶线高度 R_p 和轮廓谷底线 R_m 之间的距离,如图 1.27(b)所示,其表达式为

$$R_y = R_p + R_m \qquad (1.4)$$

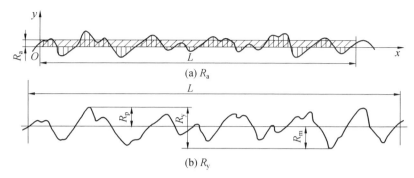

图 1.27　表面粗糙度参数示意图

　　刘志文采用 2205 型表面粗糙仪测量样品的表面粗糙度,评定范围为 3 mm×2.5 mm,测量范围为 20 μm,采用连续测量方式。

　　在实际生产应用中,材料(零件)表面粗糙度对摩擦过程中磨损机理和抗疲劳强度等有重要影响。表面粗糙度是在较短距离内(2 ~ 800 μm)出现凹凸不平(0.03 ~ 400 μm)的一类表面特征。在超音速颗粒轰击过程中,颗粒与样品之间高速撞击产生大量的凹坑,造成材料表面粗糙度的改变,因此有必要对轰击前后的材料表面粗糙度的变化进行分析研究。

　　图 1.28 所示为样品表面粗糙度随轰击时间的变化。轰击初期表面粗糙度增加较快,随着时间的延长,表面粗糙度继续增加,之后趋于平缓,在固定值波动。粗糙度在轰击初期增加较快主要是由于颗粒撞击样品的表面形成许多小的凹坑,造成粗糙度的急剧增大,这时表面粗糙度反映的是样品表面凹坑的起伏大小。随着轰击时间的增加,颗粒反复撞击材料表面,使其发生严重塑性变形,造成表面硬度急剧增加,表面金属发生明显硬化,达到一定程度时,表面不再继续变形,从而使表面粗糙度最终稳定在一固定值。

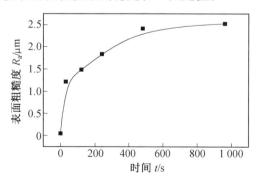

图 1.28　样品表面粗糙度随轰击时间的变化

　　图 1.29 直观地反映了表面粗糙度随不同轰击时间的变化。轰击后材料的表面粗糙度与普通切削加工的表面粗糙度不同,从而影响材料的使用性能。普

通切削加工表面存在犁沟,容易造成滑动密封性能降低或润滑剂流失;而超音速颗粒轰击的金属表面被高速颗粒撞击,出现宏观上均匀分布的大量类球型凹坑结构,凹坑直径小于轰击颗粒直径(轰击颗粒直径在 50 μm 以下)。轰击表面的理想外形应是大量球坑的包络面,但实际上轰击颗粒撞击到样品表面时,凹坑周边材料被挤压隆起,凹坑不再是理想的半球形,同时,由于轰击颗粒是类球形,使样品实际外形比理想情况复杂得多,如图 1.30 所示。

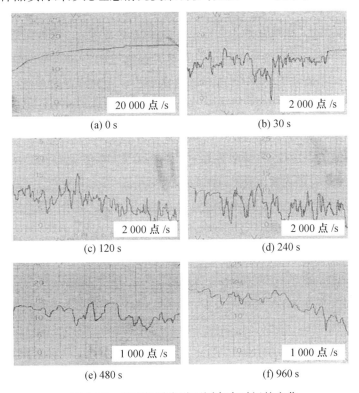

图 1.29　表面粗糙度随不同轰击时间的变化

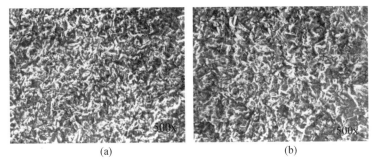

图 1.30　超音速颗粒轰击处理后样品的扫描电子显微镜(SEM)照片

　　因此对普通切削加工表面进行表面纳米化处理,可以消除前加工残留的痕迹,使外表美观,同时这些凹坑具有良好的储油性,能降低相互摩擦零件间(摩擦副)的摩擦系数,改善滑动密封面的磨损,从而提高零件的耐磨性能。

　　常用表面纳米化的方法有超声喷丸表面纳米化、高能喷丸表面纳米化和超音速颗粒轰击表面纳米化。超声喷丸的基本原理是弹丸从各方向以高频撞击已被固定的材料表面,在材料表面形成由正压力和剪切力组成的应力系统,材料表面可在瞬间产生强烈的塑性变形,最终形成纳米晶,原理图如图 1.31(a)所示;高能喷丸的基本加工原理与常规喷丸类似,但所用弹丸的直径比较大,速度较快,因此在与样品表面发生碰撞时弹丸的能量很高,使待处理表面产生强烈塑性变形而导致晶粒细化,原理图如图 1.31(b)所示,高能喷丸和超声喷丸原理图类似,只是高能喷丸原理图中是振动发生器,而超声喷丸原理图中是超声发生器;超音速颗粒轰击的基本原理是以超音速气体作为载体,携带大量颗粒以极高的速度反复轰击金属表面,使表面发生强烈塑性变形,导致晶粒细化至纳米量级,原理图如图 1.31(c)所示,图中 P_0 为送气压强,S_k 为喉部截面积,S_1 为送粉外截面积。

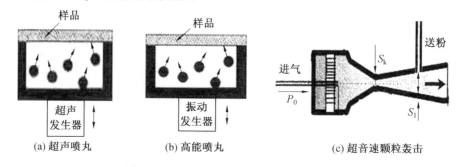

图 1.31　三种表面纳米化方法原理示意图

　　超音速颗粒轰击技术是由冷喷涂技术衍生而来,主要是利用压缩空气携带硬质颗粒通过 Laval 喷嘴形成气固双相流,使颗粒以高速轰击材料表面,材料表层组织晶粒得到细化,达到纳米量级,同时获得很深的压应力层。由于该技术类似于喷涂,因此很容易对大件及复杂形状材料进行轰击处理,在实际应用中不存在任何障碍,是最有可能在较短时间内实现工业应用的表面纳米化技术之一。

3. 表面纳米化在焊接接头上的应用

　　焊接是指通过适当的物理化学过程使两个分离的固态物体产生原子(分子)间结合而成一体的连接方法,被连接的两个物体(构件、零件)可以是各种同类的金属、非金属(石墨、陶瓷、玻璃、塑料等),也可以是一种金属与一种非金属。焊接过程的本质是通过适当的物理化学过程克服这两个困难(一般情况下材料表面是不平整的以及金属表面难免存在氧化膜和其他污物),使两个分离表面的金属原子之间接近到晶格距离并形成结合力。金属连接在现代工业中具有很重要的意义,从狭义上来说,焊接通常是指金属的焊接。到目前为止,电弧焊在焊接方法中仍占据主导地位,一个重要的原因是电弧能有效且简便地将电能转化成熔化焊接过程所需要的热能和机械能。

(1)基本焊接方法及分类如图 1.32 所示。在各种焊接方法中,目前应用最普遍的是电弧焊、电阻焊、电渣焊及各种钎焊。电弧焊是现代焊接方法中应用最广泛,也是最重要的一类焊接方法。根据一些工业发达国家最近的统计,电弧焊在各国焊接生产劳动总量中所占比例一般都在 60% 以上。

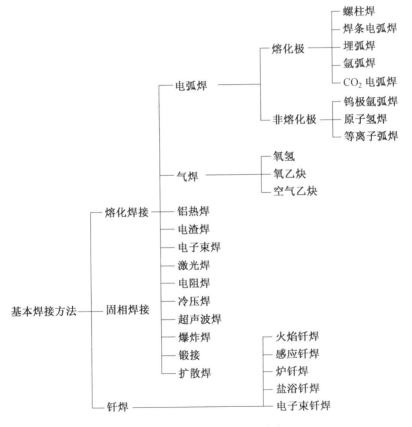

图 1.32 基本焊接方法及分类

通过在焊接接头表面进行超音速颗粒轰击表面纳米化工艺处理,研究纳米化工艺对焊接接头性能的影响,以及焊接接头力学性能的变化,尤其是焊接接头抗应力腐蚀性能的变化,抑制或改善焊接接头缺陷,为焊接工艺制定提供依据,同时为提高焊接接头质量提供新的研究方向。

（2）焊缝缺陷及产生原因见表1.5。各种焊接缺陷容易引起应力集中，缩短工件使用寿命，造成经济损失，因此防止和抑制焊接缺陷非常重要，通过焊接接头表面纳米化，在焊接接头表面形成压应力，可以抑制裂纹的形成，提高焊缝的抗腐蚀能力，对提高焊缝表面性能具有重要意义。

表 1.5　焊缝缺陷及产生原因

焊缝缺陷	产生原因
气孔	焊丝或焊条未烘干，基体材料有过量的油、锈和水
裂纹	焊丝或焊条以及工件有过量的油、锈和水；电流和电压配合不当；熔深过大，母材焊缝含碳量过高，多层焊第一道焊缝过小，焊接顺序不当，气体的含水量过多
咬边	弧长太小，焊速过快；焊枪位置不合适，焊接电流过小，垫板的凹槽太深
夹渣	前层焊缝的熔渣未去除干净；小电流低速度时熔敷量过多，在坡口内进行左焊法，焊接熔渣流到前面去，焊接摆动过大
飞溅	焊接电流和电压配合不当；焊丝或焊条以及工件清理不良；导电嘴孔径过大或过小，焊丝伸出过长
熔深不够	焊接电流太小，焊丝伸出过长，坡口不适当，角度过小，间隙过小

第2章　TWAS涂层试验及喷涂过程分析

双丝电弧喷涂(TWAS)的主要特点包括:热效率高;涂层结合强度高;生产效率高;喷涂成本低;喷涂质量稳定;可以利用两根不同类型的金属丝制备出伪合金涂层;电弧喷涂技术仅使用电和压缩空气,不用氧气、乙炔等易燃气体,安全性高;采用专门配套、价格低廉的除尘设备,使排放物达到国家环保标准。

对于电弧喷涂涂层,由于喷涂层是多孔的,要获得高质量、使用寿命长的涂层,封孔剂的使用至关重要。封孔剂必须满足几个方面的要求,如低黏度(泊松比≤3,便于很好渗透到热喷涂层空隙中)、低体积固体含量、低吸水率耐潮湿、耐使用环境化学腐蚀、颜料和热喷涂金属的电化学兼容性好。

双丝电弧喷涂是将金属或复合材料等加热至熔化或半熔化状态的微粒喷向工件表面。如果工件表面带有水分、油脂和灰尘时,微粒与工件表面之间会存在一层隔膜,不能很好地互相嵌合;如果表面光滑,微粒会滑掉或虚浮地沉积,且随着喷涂层的增厚而脱落;只有洁净、干燥粗糙的表面,才能使微粒在塑性尚未完全消失时与表面牢固地结合。因此,必须对工件表面进行预处理,它关系整个工艺过程的成败。

(1)表面清洗。对待喷涂表面及其邻近区域进行除油、除污、除锈等清洗。

(2)表面预加工。对工件表面进行清理,去除待修物表面的各种老漆皮、氧化皮、损伤及原喷涂层、淬火层、渗碳层、渗氮层等,整修不均匀的磨损表面。

(3)表面粗糙化。喷砂粗化应在强度较高的管线下进行,从各个角度观察被喷涂表面均无反射亮光时为合格,随后应立即进行喷涂施工。也有采用车螺纹和电拉毛粗糙化,防腐喷涂多用喷砂粗糙化,共建的耐磨喷涂多用车螺纹粗糙化,质量检查可参照 GB 1031—2009 进行。

2.1　试验材料及涂层结构设计

2.1.1　试验材料及设备

1.基体材料

本章所用试验材料为 6061-T6 铝合金,6061-T6 铝合金的主要合金元素为镁与硅。基体材料化学成分和喷涂丝材化学成分见表 2.1 和表 2.2。

表 2.1　基体材料化学成分（质量分数）　　　　%

元素	Si	Fe	Cu	Mn	Mg	Cr	Zn	Ti	Al
最小值	0.4	—	0.15	—	0.8	0.04	—	—	余量
最大值	0.8	0.7	0.4	0.15	1.2	0.35	0.25	0.15	

表 2.2　喷涂丝材的化学成分（质量分数）　　　　%

丝材名称	Ni	Cr	Co	Mn	Fe	Mg	Si	Al
Ni-5% Al	92.526	0.001 3	0.01	0.24	0.4	0.007 5	0.075	5.74
Ni-20% Al	81.290	0.002	0.028	0.076	0.043	0.001 2	0.12	18.44

2. 涂层材料

本章选用的喷涂丝材有 Ni-5% Al 合金丝、Ni-20% Al 复合丝、Ni-30% Al 复合丝、Al 包 Al_2O_3 复合丝和 Zn 丝，喷涂丝材规格见表 2.3。由镍-铝二元相图可知，Ni-5% Al 合金丝的组成相为单一 Ni 固溶体。在制备加工过程中，由于铝含量较低，因而铝不会从镍固溶体中析出。对于 Ni-20% Al 和 Ni-30% Al 复合丝，制备时采用一定成分的镍粉与铝粉混合后加工成型，显然，这种丝材是由 Ni 和 Al 两种单相构成。Al 包 Al_2O_3 复合丝是填充 Al_2O_3 陶瓷粉末的单芯管状铝丝，各种喷涂丝材如图 2.1 所示。

表 2.3　喷涂丝材规格

喷涂丝材	规格/mm	成分范围	来源
Ni-5% Al 合金丝	φ1.6	Al:4% ~6%	美国 PRAXAIR、国产
Ni-20% Al 复合丝	φ1.6	Al:18% ~21%	美国 PRAXAIR、国产
Ni-30% Al 复合丝	φ2.0	Al:28% ~31%	国产
Al 包 Al_2O_3 复合丝	φ2.0	Al_2O_3:8% ~12%	国产
Zn 丝	φ1.6	Zn:100%	国产

3. 试验设备

喷涂设备采用美国 PRAXAIR 公司生产的 TAFA 9935 双丝电弧喷涂系统，主要包括电源、送丝机构、喷枪和压缩空气系统。

普通电弧喷涂设备为国产 XDP 电弧喷涂系统。火焰喷涂设备为美国的 Metco-14E 火焰喷涂系统。空气压缩机为阿特拉斯公司生产，型号为 GA30FF，带有冷干机，最大可提供 1.0 MPa 的压力。喷砂设备型号为 6090A，射吸式。机械手为 ABB 六轴机械手和 PRAXAIR 两轴机械手。工艺实施所用部分设备如图 2.2 所示。

(a) Ni-5%Al 合金丝

(b) Ni-20%Al 复合丝

(c) Ni-30%Al 复合丝

(d) Al 包 Al$_2$O$_3$ 复合丝

(e) Zn 丝

图 2.1　各种喷涂丝材

(a) XDP 电弧
喷涂系统

(b) 9935 双丝
电弧喷涂系统

(c) Metco-14E 火焰
喷涂系统

(d) ABB 六轴机械手

图 2.2　工艺实施所用设备

2.1.2　涂层结构设计

涂层结构设计是一项比较复杂的问题,一般由一种或多种涂层组成,比较理想的涂层结构是由打底层、中间层和表面层组成的"三明治"结构。打底层需要致密且比较薄的耐腐蚀材料;中间层一般由粗大的 Al、Zn、Ni-Al 和 Al$_2$O$_3$ 等颗粒涂层组成,较大的颗粒度和表面粗糙度达到提高摩擦系数的目的;表面层起腐蚀保护作用。

涂层结构设计结合 Ni-Al 二元相图(图 2.3),涂层结构设计及喷涂方法见表 2.4,典型涂层结构示意图如图 2.4 所示。

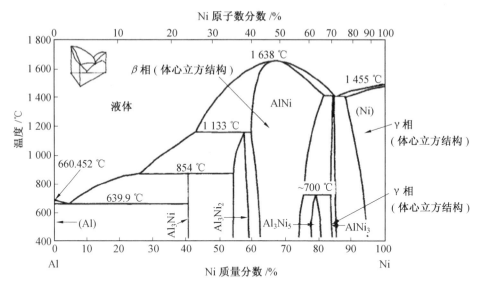

图 2.3　Ni-Al 二元相图

表 2.4　涂层结构设计及喷涂方法

序号	涂层结构	涂层材料	喷涂方法
1	单层	Ni-5% Al	TAFA9935 双丝电弧喷涂
2	单层	Ni-20% Al	Metco-14E 火焰喷涂和 XDP 电弧喷涂
3	单层	Ni-30% Al	Metco-14E 火焰喷涂和 XDP 电弧喷涂
4	双层	Ni-5% Al/Ni-5% Al	TAFA9935 双丝电弧喷涂
5	双层	Ni-5% Al/Ni-20% Al	TAFA9935 双丝电弧喷涂
6	双层	Ni-5% Al/Al 包 Al_2O_3	TAFA9935 双丝电弧喷涂
7	双层	Ni-5% Al/Al 包 Al_2O_3	TAFA9935 双丝电弧喷涂+Metco-14E 火焰喷涂
8	三层	Ni-5% Al/Zn/Ni-5% Al	TAFA9935 双丝电弧喷涂
9	三层	Ni-5% Al/Zn/Ni-20% Al	TAFA9935 双丝电弧喷涂

　　采用多层结构可以达到性能预期指标要求。为保证经济性和可操作性,涂层最多设计为三层。在涂层制备工艺上,电弧喷涂和火焰喷涂工艺适合制备大面积涂层。考虑喷涂工艺对设备的依赖性,结合现有设备情况,选择电弧喷涂设备 TAFA9935、火焰喷涂设备 Metco-14E 和国产电弧喷涂设备 XDP 作为主要涂层制备装置。在允许的设备极限参数下,尽可能改变喷涂雾化效果,在保证其他主要性能指标的基础上,达到增大涂层粗糙度的目标。喷涂工艺参数包括

喷涂电流、喷涂电压、喷涂距离、气体压力和喷枪移动速度等,确定最佳喷涂工艺参数。就增加表面摩擦系数而言,使用 Metco-14E 火焰喷涂设备,对涂层的粗糙度影响最大的因素是雾化气体的压力和喷嘴的类型,改变从丝材端部熔化的金属被气流打碎的程度。雾化气体压力、不同的喷嘴形状及调节送丝速度都可以改变雾化效果,从而获得优质涂层。

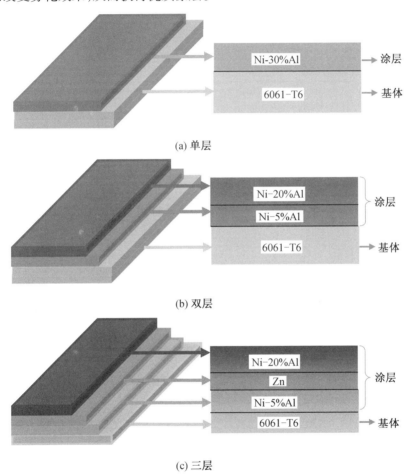

(a) 单层

(b) 双层

(c) 三层

图 2.4　典型涂层结构示意图

2.2　涂层试验分析方法

参照偏流板表面涂层的美国国防部标准化文件和 ASTM 标准,本节涂层性能测试种类和参考标准见表 2.5。

表 2.5　涂层性能测试种类和参考标准

序号	性能	参考标准	试样尺寸	测试仪器或装置
1	结合强度	ASTM-C-633-01	φ25.4 mm×6 mm	拉伸试验机
2	摩擦系数	MIL-PRF-24667C-4.5.1	300 mm×150 mm×6 mm	倾角仪
3	耐磨性	MIL-PRF-24667C-4.5.4	300 mm×150 mm×6 mm	磨损试验机
4	抗加速腐蚀	MIL-PRF-24667C(SH)-4.5.10	150 mm×100 mm×3 mm	盐雾试验箱
5	热冲击	—	—	氧乙炔焊炬
6	耐冲击（落锤）	MIL-PRF-24667C(SH)-4.5.3 和 ASTM G14-96	300 mm×150 mm×6 mm	按照美国国防部标准化文件要求设计
7	耐高温性能	MIL-PRF-24667C-4.5.29 和 ASTM D2485-2000	300 mm×150 mm×6 mm	马弗炉
8	耐冲蚀性	HB7236-95	20 mm×40 mm×3 mm	喷砂机
9	化学溶液耐受性	MIL-PRF-24667C(SH)-4.5.6	150 mm×50 mm×3 mm	—
10	孔隙率	DOD-STD-2138	150 mm×50 mm×3 mm	图像法
11	硬度	—	—	显微硬度仪
12	盐雾腐蚀	ADA020127 和 AD-784976	50 mm×50 mm×6 mm	

试样表面首先使用丙酮进行清洗,然后用 24 目(喷砂压力为 0.4~0.6 MPa)白刚玉进行喷砂表面处理,目的是去除试件表面的氧化皮,并且使试件表面形成一定的粗糙度,为喷涂层的可靠沉积提供有利的基体条件;之后分别采用特定的工艺参数,利用电弧喷涂在预处理好的试样上制备涂层。

2.2.1　组织结构表征

1. 扫描电子显微镜(SEM)观察

采用 HELIOS NANOLAB 600i 扫描电子显微镜观察对比磨损试验中两种涂层不同时期的表面磨损形貌;观察热处理试验后涂层和涂层/基体界面形貌,并结合能谱仪和线扫描技术分析热处理对 Ni-Al 复合涂层的影响。

2. 透射电子显微镜(TEM)观察

采用日本电子 JEOL 公司生产的 JEM 2010 型透射电子显微镜进行观察,加速电压为 200 kV。试验样品的制备采用 Gatan691 型离子减薄仪,其中离子束轰击电压为 2.5 kV;减薄角度是上离子束为 7°,下离子束为 8°;减薄厚度为 10 nm;减薄时间为 3~5 h。

3. X 射线衍射(XRD)分析

采用 D/MAX-2500 型衍射仪进行相组成分析,试验用 Cu 靶 Kα1 射线,波长为 0.154 056 nm,扫描速度为 5(°)/min,范围为 10° ~ 80°。

4. 激光共聚焦显微镜观察

利用日本 Olympus 公司生产的激光共聚焦显微镜,型号为 OLS4100,观察涂层的表面状态和三维形貌,并测量涂层的表面粗糙度。

5. 光学显微镜观察

利用蔡司光学显微镜对涂层显微组织进行观察。

2.2.2　结合强度以及孔隙率和硬度

1. 结合强度

每次试验试样数量为 5 个,尺寸为 ϕ25.4 mm×6 mm;涂层厚度不小于 0.38 mm。测量涂层厚度,要求厚度在整个平面内偏差不超过 0.025 mm,大于此偏差的涂层应重新喷涂或机加工修整。试样由涂层样品和两个加载块黏结构成。黏结剂应有足够大的黏结强度,以保证断裂破坏发生在涂层和基体块的界面上或涂层内部。试验前,应单独测试黏结剂的黏结强度。黏结剂不应渗入涂层过深,也不应破坏涂层成分和结构等内在性质。黏结剂采用的是上海市合成树脂研究所生产的 E-7 黏结剂,主要成分为氨基四官能环氧树脂,该黏结剂适用于铝、铜、钢、陶瓷和玻璃等,能长期耐受 200 ℃左右的使用环境,抗拉强度可以达到 70 MPa。黏结时施加一定压力,擦除多余的黏结剂。加载块与圆片试样的结合面应清洁无油。为保证同心,加压固化过程可在 V 形滑槽进行。加载块为圆柱状,长度不小于 25 mm。将准备好的试样和用于测试胶黏结剂黏结强度的空白试样分别安装于 WDW-S100 型万能电子拉伸试验机上,在 0.013 ~ 0.021 mm/s 的应变速率下进行拉伸,记录断裂前的最大试验力,其中,结合强度(MPa)等于最大试验力(N)与样品截面积(mm²)的比值。拉伸试样示意图如图 2.5 所示。

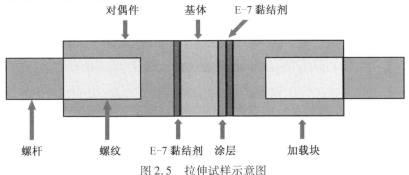

图 2.5　拉伸试样示意图

在金相显微镜下观察断面,确定断裂发生的位置。如断裂完全发生在涂层/基体界面,则强度为黏结强度;如断裂完全发生在涂层内,则强度为涂层的内聚强度。对用于质控的评价试验,如能确定黏结剂的强度大于技术要求,则当断裂完全发生在黏结剂一侧,强度也可以接受。拉伸试验参考标准为ASTM-C-633-01,按照国家科技部国际科技合作专项项目(项目编号:2008DFR50070)合同要求:合格标准为甲板或偏流板涂层结合强度≥45 MPa。

2. 孔隙率和硬度

由于铁试剂法只能检测出自涂层表面至钢铁(铝与铁氰化钾无显色反应)基体表面的通孔,因此对于铝合金基体采用图像法测量涂层的孔隙率。孔隙率和硬度参考标准为DOD-STD-2138。涂层厚度最小为0.2 mm。孔隙率试样尺寸为150 mm×50 mm×3 mm。涂层断面金相试样尺寸为20 mm×40 mm×3 mm,沿长边镶金相试样。

在显微镜下观察涂层的表面和截面形貌,然后用图像法测量涂层孔隙率(单位:%)。涂层显微组织应均匀无横向裂纹、无分层以及涂层与基体界面无分离现象。底层不允许有裂纹,面层不允许有平行基体表面的横向裂纹和裂到底层的纵向裂纹。涂层的界面状态要求基体金属与涂层之间应无分离,界面污染(含氧化物和砂粒)应小于30%,涂层孔隙率低于5%。涂层显微硬度是利用HVS-1000显微硬度仪测定,载荷为100 g,加载时间为15 s,选取涂层中间部位多个点测量。

2.2.3 耐磨性、耐冲蚀性、耐冲击性和耐热冲击性

1. 耐磨性

耐磨性试验参考标准为MIL-PRF-24667C-4.5.1。试样数量为6个,尺寸为300 mm×150 mm×6 mm。制备涂层,其中3个涂层采用耐磨性测试的方法磨损50次循环,记为磨损前试样,另外3个涂层磨损500次循环,记为磨损后试样。

使用倾角测量仪进行测量,角度精度为±0.1°,测量摩擦系数的精度为±0.01。倾角法摩擦系数测试装置如图2.6所示。滑块主体是一个轮廓尺寸为145 mm×100 mm×22 mm的钢块,沿底面一端100 mm处制作半径为19 mm的倒角;将宽为100 mm和厚为3 mm的硫化氯丁橡胶片(邵氏硬度57±2)黏结在底面上,并向上包住倒角弧面。滑块总质量(钢块+橡胶片)为(2.7±0.2) kg。

测试过程中,滑块和样品表面之间的相对运动方向需要频繁地在纵横两个方向切换。附件钢块数量为3套;橡胶片为200片;钢制校准块为1块。每个试样要依次测量三种状态下的摩擦系数(Coefficient of Friction,COF),测量步骤见表2.6,其中摩擦系数等于使滑块开始滑动的力除以滑块重力。

(a) 测量仪

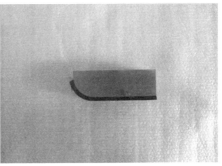
(b) 测量滑块

图 2.6　倾角法摩擦系数测试装置

表 2.6　摩擦系数（COF）测量步骤

序号	1	2	3
润湿态	干态	水润湿态	油润湿态
内容	测量 5 次, 转 90°, 再测量 5 次	干态测量后, 用模拟海水润湿[*]。重复测量	水润湿态测量后, 用自来水淋洗, 在 120℃ 下干燥 1 h, 冷却, 用涡轮机油润湿[*]。重复测量
数据	记录 10 次 COF 数据计算平均值	记录 10 次 COF 数据计算平均值	记录 10 次 COF 数据计算平均值

[*] 模拟海水和涡轮机油应符合化学溶液耐受性试验要求。

不同润湿状态下, 滑块中更换橡胶片的部分不能混用。干态、水润湿态和油润湿态应分别固定使用 1 个滑块, 测量完一种试样的滑块不能用于其他种类试样测试。完成全部 6 个试样的测量, 每种表面状态 COF 最小平均值应符合表 2.7 要求。

表 2.7　每种表面状态 COF 最小平均值

润湿态	干态	水润湿态	油润湿态
喷涂后	≥0.95	≥0.90	≥0.80
50 次循环	≥0.95	≥0.90	≥0.80
500 次循环	≥0.90	≥0.85	≥0.75

摩擦磨损试验参考美国国防部标准化文件 MIL-PRF-24667C-4.5.4, 磨损试验采用接触式往复滑动, 涂层磨损试验原理如图 2.7 所示, 涂层磨损试验步骤见表 2.8。

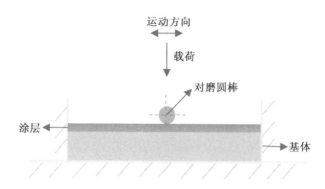

图 2.7　涂层磨损试验原理

表 2.8　涂层磨损试验步骤

序号	1	2	3	4
内容	基板称重(精确到 0.5 g,下同)	制备涂层	磨损 50 次循环,取出试样去除磨屑称重	继续磨损 450 次循环,取出试样去除磨屑,称重
数据	M_1(基板质量)	—	M_2(带涂层试样质量)	M_3(带涂层试样质量)

试样尺寸为 300 mm×150 mm×6 mm,摩擦副为 ϕ3 mm 的冷轧 ASTM A229 Class 2 弹簧钢丝(硬度为 430HV$_{0.1}$),法向压力为 123.5 N,往复位移幅值为 225 mm,滑动速度为 25 mm/s,试验温度为室温。磨损试验过程中不允许钢丝产生扭曲、弯曲和转动。采用分度值为 0.01 g 的 PB1502-S 精密天平测量磨损失重。使用磨损试验机进行测试,装置如图 2.8 所示。涂层磨损值(%)=100×$(M_2-M_3)/(M_2-M_1)$,涂层磨损值应低于 10%。

(a) 磨损试验机

(b) 涂层磨损测试

图 2.8　磨损试验机测试装置

2. 耐冲蚀性

耐冲蚀性试验参考标准为 HB7236-95。试样数量为 5 个,尺寸为 20 mm×40 mm×3 mm,制备涂层,氧化铝粒径小于 0.061 mm。

空气压力为 0.54 ~ 0.58 MPa;砂流量为 110 ~ 120 g/min;喷嘴直径为 4 mm;喷距为 40 mm;冲角为 15°、30°、45°、60°、75° 和 90°;耐冲蚀量要求低于 0.03 g/min。

3. 耐冲击性

耐冲击性试验参考标准为 MIL-PRF-24667C(SH)-4.5.3 和 ASTM G14-96。试样数量为 4 个,尺寸为 150 mm×150 mm×6 mm,其中 2 个试样在背面和边角涂防腐漆后在模拟海水中连续浸泡 15 天,另 2 个试样不处理。

试验中应确保试样在试验机中固定不动。冲头半球直径为 15.875 mm,冲头质量为 1.8 kg,落锤下落高度为 1.2 m。装置如图 2.9 所示。

(a) 冲击试验机

(b) 落锤下落通道

图 2.9　耐冲击性试验装置

每个试样在 25 个不同位置上受冲击,相邻冲击点中心纵横间隔为(20±1.5) mm。序号如图 2.10 所示,先冲外圈,后冲内圈,同一圈内,下一个点位于当前点顺时针方向上。

冲击试验结束后,手持刃宽为 25 mm 的凿子触碰未受冲击的部位,以确定表面凿去涂层所需力度。然后以小于此的力度触碰受冲击部位,自表面去除因冲击而松脱的涂层。按 5×5 点阵排列的 25 个冲击点,相邻的冲击点两两成对,纵横两个方向共计有 40 对,如果涂层被凿去的部分使相邻的一对冲击点互相连通,则评分时自 100% 中减去 2.5%。

浸海水和未预处理两个条件下的得分分别是 2 个试样的平均分,如果其中一个条件的得分未能达到技术要求(牢固黏结的百分比不低于 90%),即认为测试未通过。

2	15	11	7	3
6	19	23	20	16
10	22	25	24	12
14	18	21	17	8
1	5	9	13	4

图 2.10　冲击点分布图

4. 耐热冲击性

耐热冲击性测试的应用背景为偏流板,选择铝合金基材试样,数量为 3 个。

试样安装在测试台架上,背面紧贴连通循环冷却水管的铁板。通冷却水,用氧乙炔焊炬加热涂层,用测温仪测量涂层表面温度。调节氧炔比、流量和喷距等参数,使待热传导达到稳态后近涂层表面温度不低于 600 ℃。

保持喷距不变,使焊炬做往复移动,使试样表面处于加热—冷却—加热的循环状态,实现热冲击工况。调节焊炬的移动速率,使试样受火焰连续加热的时间不短于 5 s。火焰自试样表面移开的时间,在冷却作用下应足够使试样表面温度降至 30 ℃。30 ~ 600 ℃热循环加载,测试循环次数大于 100 次,涂层表面无裂纹和失去结合等损伤;30 ~ 800 ℃热循环加载,涂层具有良好的抗热冲击性能(循环次数无要求)。热冲击原理图和耐热冲击性试验过程如图 2.11所示。

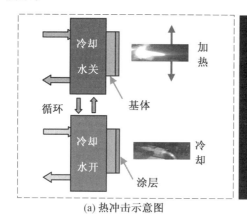

　　(a) 热冲击示意图　　　　　　　(b) 耐热冲击性试验过程

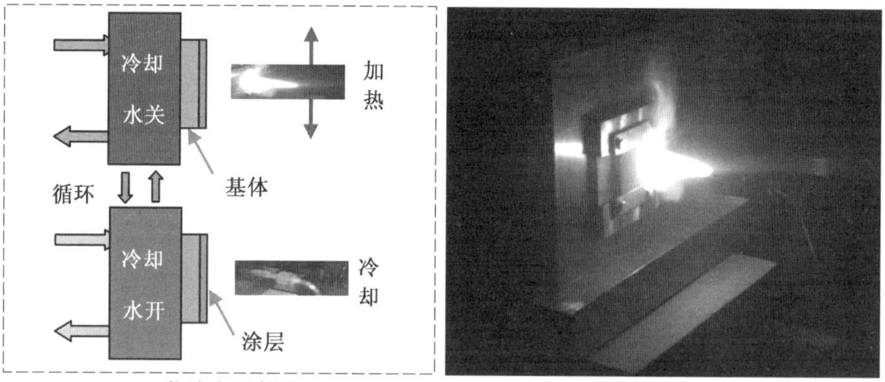

图 2.11　热冲击原理图和耐热冲击性试验过程

2.2.4　耐高温性和耐腐蚀性

1. 耐高温性

耐高温性试验参考标准为 MIL-PRF-24667C-4.5.29 和 ASTM D2485-00。试样数量为 2 个,尺寸为 300 mm×150 mm×6 mm,制备涂层。参照美国标准《评估高温使用涂层的标准试验方法》的方法 B,将 2 片试样放于马弗炉中按表 2.9 步骤加热。

表 2.9　耐高温试验加热步骤

序号	1	2	3	4	5
温度/℃	205	260	315	370	425
时间/h	8	16	8	16	8

在每个加热阶段结束后取出试样,检查涂层表面状态,忽略距试样边缘 6.4 mm 内的损伤。全部加热步骤结束后,取出试样,空气中冷却至少 1 h,仔细检查有无损伤。如 2 个试样均通过加热测试,则分别进行 24 h 的盐雾试验(ASTM B117 方法),盐雾试验结束后,检查试样有无腐蚀迹象。按照 MIL-PRF-24667C-2.32 标准,检查有无掉皮、开裂、鼓泡和不正常变色等损伤迹象。

2. 耐腐蚀性

耐腐蚀性试验参考标准为 MIL-PRF-24667C(SH)-4.5.10。试样数量为 2 个,尺寸为 150 mm×100 mm×3 mm,其中 1 个预先进行带涂层冲击,形成 2 个冲击点,冲击点距离底边 25 mm,距离侧边 40 mm。2 个试样背面和边缘均涂覆防腐漆,进行 1 000 h 盐雾试验(ASTM B117),试验装置如图 2.12 所示。盐雾试验后,目视检查有无失去黏合和分层等劣化迹象;有意识地去除部分涂层,以检查基体面有无腐蚀。盐雾试验后,在距冲击点中心 9 mm 以外,不应出现失去黏合、分层或基底腐蚀等劣化迹象。

化学溶液耐受性试验参考标准为 MIL-PRF-24667C(SH)-4.5.6。试样数量为 16 个,尺寸为 150 mm×50 mm×3 mm,其中 8 个试样预先冲击 2 个点,点中心距 2 个点距离为(100±6.4) mm。准备 8 只磨口广口瓶,分别将 2 个试样(1 个试样经冲击,1 个试样未经冲击)放入每个广口瓶中,试样不能互相接触。在广口瓶中分别装入不同化学溶液,浸没试样一半高度,其名称及相应标准见表 2.10。广口瓶密闭,在标准状态(温度为(24±2) ℃,相对湿度为(50±5)%)下,装有 JP-5 喷射燃油、防冰除霜液和乙醇的密闭广口瓶保持 24 h,其余保持 4 周。浸泡后,涂层不应出现软化、失去黏结或分层迹象,不应有变色等劣化迹象。

 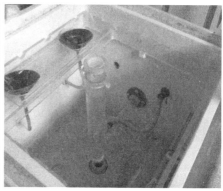

(a) 盐雾试验箱外观   (b) 盐雾试验箱内部

图 2.12   盐雾试验装置

表 2.10   化学品名称及相应标准

序号	化学品名称	参考标准
1	1% 水基灭火泡沫模拟海水溶液	MIL-F-24385
2	0.5% 清洁剂模拟海水溶液	MIL-D-16791
3	涡轮机润滑油	MIL-PRF-23699
4	液压油	MIL-PRF-83282
5	油脂	DOD-G-24508
6	JP-5 喷射燃油	MIL-DTL-5624
7	防冰除霜液	SAE AMS1424
8	乙醇	27 CFR21.35

盐雾试验参照 NTIS 报告 ADA020127 和 AD-784976 的有关内容,结合模拟工况的需要和现有条件,将热冲击、模拟海水浸泡、酸性盐雾腐蚀、模拟燃油污染并清洗等内容结合进行循环试验,试验装置如图 2.12 所示。酸性盐雾试验装置和抗加速腐蚀试验装置相同,均是在盐雾试验箱中进行。试样数量为 2 个,尺寸为 50 mm×50 mm×6 mm,制备涂层。连续进行多次循环直至涂层出现破坏现象,单次循环试验内容见表 2.11。对盐雾腐蚀后的试样进行检查,观察涂层是否出现剥落、脱黏、分层和鼓泡等现象。

表 2.11　单次循环试验内容

序号	1	2	3	4
内容	热冲击	模拟海水浸泡	酸性盐雾腐蚀	模拟燃油污染并清洗
说明	氧乙炔火焰加热。喷距、加热时间等条件与热冲击试验相同	空冷到室温后,在模拟海水中浸泡	ASTM B117	用 JP-5 喷射燃油和清洗剂的混合物擦拭,后用海水冲洗
时间	15 min(500 次循环)	2 h,30 min	21 h	15 min

2.3　TWAS 过程分析

双丝电弧喷涂在喷涂材料及热源上与超音速火焰喷涂和大气等离子喷涂两种工艺具有不同的特点,电弧喷涂熔滴的产生也与二者大有不同。在电弧喷涂中,两根导电丝之间产生电弧,在导电丝尖端产生微小熔池,在电弧引力场、重力场和表面张力等作用下,产生熔融状态的熔滴颗粒。Milind Kelkar 等认为,在雾化气体作用下,先后形成一次分散熔滴颗粒和二次分散熔滴颗粒。Hsian 等学者在试验中观察到二次分散熔滴颗粒的尺寸分布服从简单的正态分布。

飞行熔滴颗粒的雷诺数是由雾化气体的压力决定的,进而影响熔滴颗粒的雾化行为、飞行行为和撞击基体的凝固行为。在电弧喷涂过程中,雾化气体压力越大,一次分散熔滴颗粒形成的拖曳力越大,金属液滴驻留丝材尖端的时间越小。在送丝速度一定的条件下,单位时间内从丝材尖端脱离的一次分散熔滴颗粒的数量增多,导致飞行熔滴颗粒的尺寸减小。本节分析熔滴的变形和破碎行为,揭示熔滴颗粒速度的飞行动力学规律,同时对熔滴撞击基体的变形及凝固过程进行分析,这对设计合理的喷涂工艺起到积极的指导作用。

2.3.1　TWAS 过程熔滴行为

1. 雾化熔滴破碎行为

国内外通过对熔滴变形和破碎试验研究的结果,提出了不同的破碎模式。熔滴的破碎是一个非常复杂的过程,尤其是电弧喷涂过程中,熔滴不仅受到雾化气体的作用,还受到电弧特性的影响。作者利用 Fluent 的 VOF 双相流模型和标准 k-ε 湍流模型相组合,建立计算熔滴在雾化气流中的变形以及破碎过程的数值方法,重点分析了不同直径熔滴在不同雾化气体压力下的变形和破碎过程,以及 Weber 数对熔滴破碎过程的影响。

（1）计算模型和数学模型。

根据守恒方程，结合 k-ε 湍流模型和 VOF 双相流模型，得到熔滴在气流中的破碎二维控制式为

$$\frac{\partial}{\partial t}(\rho\phi)+\frac{\partial}{\partial x}(\rho u\phi)+\frac{\partial}{\partial y}(\rho v\phi)=\frac{\partial}{\partial x}\left(\Gamma_\phi\frac{\partial\phi}{\partial x}\right)+\frac{\partial}{\partial y}\left(\Gamma_\phi\frac{\partial\phi}{\partial y}\right)+S_\phi \qquad (2.1)$$

式中，ϕ 为通用因变量；Γ_ϕ 为输运系数；S_ϕ 为源项。

对式（2.1）而言，ϕ、Γ_ϕ 和 S_ϕ 的具体含义见表 2.12。

表 2.12　式(2.1)中各通用变量具体含义

式(2.1)	ϕ	Γ_ϕ	S_ϕ
连续	1	0	0
x-动量	u	μ_e	$-\frac{\partial P}{\partial x}+\frac{\partial}{\partial x}\left(\mu_e\frac{\partial u}{\partial x}\right)+\frac{\partial}{\partial y}\left(\mu_e\frac{\partial v}{\partial x}\right)+\Delta\rho g_x+F_x$
y-动量	v	μ_e	$-\frac{\partial P}{\partial y}+\frac{\partial}{\partial y}\left(\mu_e\frac{\partial v}{\partial y}\right)+\frac{\partial}{\partial x}\left(\mu_e\frac{\partial u}{\partial y}\right)+\Delta\rho g_y+F_y$
湍能	k	μ_e/σ_k	$G_k+G_b-\rho\varepsilon$
湍能耗散率	ε	μ_e/σ_ε	$\varepsilon(c_1 G_k-c_2\rho\varepsilon)/k$
焓	h	μ_e/σ_T	$-q_T$
体积分数方程	—	—	$\frac{\partial\alpha_1}{\partial t}+u\frac{\partial\alpha_1}{\partial x}+v\frac{\partial\alpha_1}{\partial y}=0$

表 2.12 中，$\mu_e=\mu+\mu_T$ 为有效黏性系数；$\mu_T=c_\mu\rho k^2/\varepsilon$ 为湍流黏性系数；σ_k、σ_ε 为湍流 Prandl 数。模型中各常数为 $c_\mu=0.09$，$c_1=1.44$，$c_2=1.92$，$\sigma_k=1$，$\sigma_\varepsilon=1.33$，$\sigma_T=1$。

表 2.12 中，$\rho=\alpha_1\rho_1+(1-\alpha_1)\rho_2$；$F_x$、$F_y$ 为相间相互作用力的源项。下式是针对表 2.12 中 G_k 和 G_b 的补充说明：

$$G_k=\mu_T\left[2\left(\frac{\partial u}{\partial x}\right)^2+2\left(\frac{\partial v}{\partial y}\right)^2+2\left(\frac{\partial u}{\partial y}+\frac{\partial v}{\partial x}\right)^2\right] \qquad (2.2)$$

$$G_b=-\beta\rho\left(g_x\frac{\mu_T}{\sigma_T}\frac{\partial T}{\partial x}+g_y\frac{\mu_T}{\sigma_T}\frac{\partial T}{\partial y}\right) \qquad (2.3)$$

图 2.13 所示为电弧喷涂焰流示意图，焰流张角为 15°。根据熔滴在气流中变形和破碎的特点，选取如图 2.14 所示的计算模型，熔滴从左侧进口边界进入充满气体的计算区域中。计算区域选择 20 mm×33 mm×50 mm 的等腰梯形，网格划分为 200×500；熔滴直径为 0.8 mm、1.6 mm、2.4 mm 和 3.2 mm，距离左边界为 5 mm。重点分析直径为 1.6 mm、不同压力条件下的熔滴破碎过程，熔滴变形和破碎物性参数见表 2.13，其中 Ni-5% Al 的表面张力取 1.778 N/m。

　　　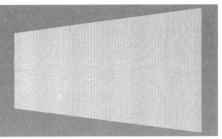

　　图 2.13　电弧喷涂焰流示意图　　　图 2.14　计算模型网格示意图(彩图见附录)

（2）熔滴变形和破碎过程。

图 2.15 所示为熔滴直径为 1.6 mm,压力为 0.3 MPa,不同时刻下熔滴变形和破碎过程。

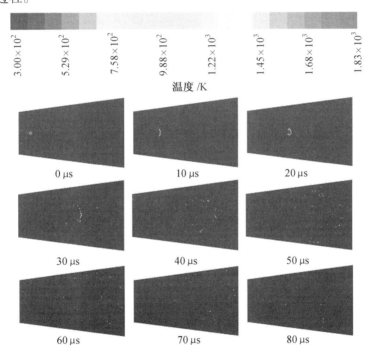

图 2.15　熔滴直径为 1.6 mm,压力为 0.3 MPa,不同时刻下熔滴变形和破碎过程(彩图见附录)

　　从图 2.15 中可以看出,10 μs 时,熔滴颗粒先变成月牙形;20 μs 时,熔滴颗粒中心处开始破碎;20~30 μs 时,熔滴颗粒由一次破碎发生二次破碎;40 μs 时,仍为二次破碎;50 μs 时,二次破碎完成;80 μs 时,计算区域颗粒数量已经很少,在随后的时间里,破碎颗粒快速飞出计算区域。在这个过程中,熔滴颗粒首先发生变形,随着时间的延长,熔滴颗粒发生一次破碎,随即一次破碎转化为二次破碎。

表 2.13　熔滴变形和破碎物性参数

材料	熔点/K	密度/(kg·m⁻³)	比热/[J·(kg·K)⁻¹]	导热系数/[W·(m·K)⁻¹]	黏性系数/[kg·(m·s)⁻¹]	摩尔质量/(kg·mol⁻¹)
Ni–Al	1 728	8 591	481.12	97.273	0.005	57.1
空气	—	1.225	1 006.43	0.024 2	1.789 4×10⁻⁵	29.0
6061–T6	925	2.71	871	202.4	—	—

图 2.16 所示为熔滴直径为 1.6 mm,压力为 0.6 MPa,不同时刻下熔滴变形和破碎过程。从图中可以看出,熔滴颗粒发生爆炸破碎,破碎并未含有一次破碎和二次破碎。10 μs 时,熔滴颗粒已经完全破碎;在 20 μs 后,熔滴颗粒大小基本没有变化,只是向前飞行的同时,向四周扩散;70 μs 时,计算区域内熔滴颗粒数量非常少;80 μs 时,计算区域基本没有破碎颗粒。在这个过程中,熔滴颗粒破碎形式属于爆炸式破碎,破碎颗粒在计算区域飞行距离为 45 mm,时间为 80 μs,通过计算,熔滴颗粒速度达到 562.5 m/s,颗粒速度已超过音速。实际喷涂过程中,由于受到空压机工作参数限制,0.5 MPa 压力即可满足涂层的制备要求,过大的压力易使破碎颗粒冷却过快,从而提前发生凝固,造成涂层的结合强度降低。

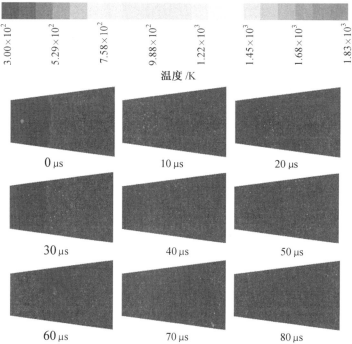

图 2.16　熔滴直径为 1.6 mm,压力为 0.6 MPa,不同时刻下熔滴变形和破碎过程(彩图见附录)

图 2.17 所示为熔滴直径为 1.6 mm,压力为 0.2 ~ 0.7 MPa,10 μs 时的变形和破碎过程。压力由 0.2 MPa 增加到 0.5 MPa 的过程中,熔滴颗粒以月牙形状变化,月牙中心变得越来越细;压力为 0.5 MPa 时,月牙中心处发生一次破碎;压力为 0.5 ~ 0.6 MPa 时,一次破碎转化为二次破碎;压力为 0.6 MPa 时,熔滴颗粒直接发生爆炸式破碎,并未发生变形、一次破碎转化为二次破碎。可见随着压力的增大,熔滴颗粒首先发生变形,然后一次破碎,直至一次破碎转化为二次破碎,最后进入稳定阶段,而 0.6 MPa 是两种破碎形式的临界点。

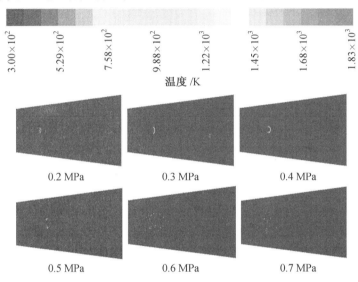

图 2.17　熔滴直径为 1.6 mm,压力为 0.2 ~ 0.7 MPa,10 μs 时的变形和破碎过程(彩图见附录)

图 2.18 所示为熔滴直径为 1.6 mm,压力为 0.2 ~ 0.7 MPa,50 μs 时的变形和破碎过程。压力为 0.2 MPa 时,熔滴颗粒发生一次破碎;压力为 0.2 ~ 0.3 MPa 时,一次破碎转化为二次破碎;压力为 0.3 MPa 时,二次破碎已完成;压力为 0.3 ~ 0.7 MPa 时,熔滴颗粒完全破碎;压力大于 0.7 MPa 时,熔滴颗粒的变形和破碎形式与 0.7 MPa 时的形式相同。随着压力的增加,计算区域颗粒减少,说明破碎颗粒的速度越来越大。

图 2.19 所示为熔滴直径为 1.6 ~ 3.2 mm,压力为 0.5 MPa,30 μs 时的变形和破碎过程。从图中可以看出,随着熔滴直径的增大,直径为 0.8 mm 和 1.6 mm 的熔滴颗粒在 30 μs 时已完全破碎;直径为 2.4 mm 的熔滴颗粒在 30 μs 时发生一次破碎,也是二次破碎的开始;直径为 3.2 mm 的熔滴颗粒在 30 μs 时仍处于变形阶段,并未发生破碎,如果使该熔滴颗粒发生破碎需要更大的压力。小熔滴颗粒易于破碎,而较大熔滴颗粒首先是发生变形,并且难于破碎。

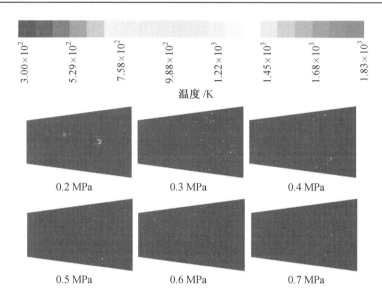

图 2.18 熔滴直径为 1.6 mm,压力为 0.2～0.7 MPa,50 μs 时的变形和破碎过程(彩图见附录)

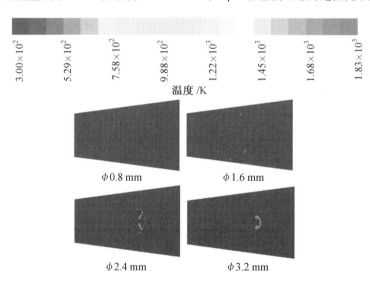

图 2.19 熔滴直径为 1.6～3.2 mm,压力为 0.5 MPa,30 μs 时的变形和破碎过程(彩图见附录)

图 2.20(a)所示为双丝电弧喷涂雾化气体压力与气体速度的对应关系。0.2 MPa 时,气体速度为 571.4 m/s;0.5 MPa 时,气体速度为 903.5 m/s;而 0.8 MPa 时,气体速度达到 1 142.9 m/s。随着雾化气体压力增大,气体速度增加,雾化气体压力与气体速度呈近似线性关系。实际喷涂颗粒速度只能达到雾化气体速度的 15%～45%,这是由于材料和喷涂距离不同,甚至更低。

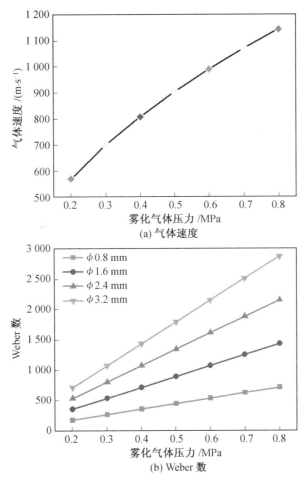

(a) 气体速度

(b) Weber 数

图 2.20　双丝电弧喷涂雾化气体压力与气体速度及 Weber 数的关系

通过 Weber 数公式:

$$We = \frac{\rho_g d_0 U_0^2}{\sigma}$$

式中,ρ_g 为雾化气体密度;d_0 为熔滴直径;U_0 为雾化气体速度;σ 为表面张力。

利用雾化气体压力与速度的关系,得到四种不同直径熔滴下,雾化气体压力和 Weber 数的关系,如图 2.20(b)所示。随着雾化气体压力的升高,Weber 数增大;熔滴颗粒直径增大,Weber 数增大。在 0.2 ~ 0.8 MPa 范围内,熔滴直径为 1.6 mm 的 Weber 数为 359.2 ~ 1 436.7。Weber 数与雾化气体压力呈近似线性关系。

图 2.21 所示为不同熔滴直径爆炸破碎方式时的雾化气体压力与时间的关系,熔滴以爆炸破碎形式发生受雾化气体压力和颗粒直径影响。直径为

0.8 mm 的熔滴在压力大于 0.6 MPa 时,在 2 μs 时已发生爆炸破碎,并趋于稳定;而直径为 1.6 mm 的熔滴在压力为 0.6 MPa 时,在 7 μs 时发生爆炸破碎,3 μs 内趋于稳定;直径为 2.4 mm 的熔滴在压力为 1.0 MPa 时,才发生爆炸破碎;直径为 3.2 mm 的熔滴在压力小于 1.5 MPa 时,很难发生爆炸破碎。对于直径为1.6 mm的熔滴,破碎形式在压力小于 0.6 MPa 时(即 $We<1\,077.6$)时为一次破碎和二次破碎,在压力不小于 0.6 MPa(即 $We\geqslant1\,077.6$)时为爆炸式破碎。熔滴颗粒的压力或速度的大小,即 Weber 数大小决定颗粒的破碎形式。

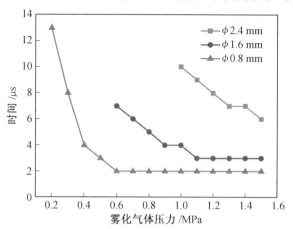

图 2.21　不同熔滴直径爆炸破碎方式时的雾化气体压力与时间的关系

2. 双丝电弧喷涂飞行动力学规律

双丝电弧喷涂飞行动力学规律是评定涂层质量的重要依据,评判双丝电弧喷涂系统的标准即其涂层的质量。

在热喷涂过程中,影响涂层质量最重要的因素之一是喷涂熔滴颗粒的飞行速度,较高的熔滴颗粒飞行速度和适宜的温度会使涂层的质量得到很大的提高,而熔滴颗粒的飞行速度和温度取决于喷枪的结构和喷涂系统。

(1)熔滴颗粒飞行速度。

双丝电弧喷涂是通过正负极丝材产生电弧,熔融液滴经压缩空气雾化,产生高温和高速双相流,喷涂到工件表面,与基体表面形成较高致密度的涂层。为了简化问题,忽略熔滴颗粒与熔滴颗粒之间的相互作用,用单个熔滴颗粒的运动状态来描述熔滴颗粒在喷涂气流中被输送的特征,并且假设加速熔滴颗粒的双丝电弧喷涂高速气流为等速等温的流体,熔滴颗粒假设为球形。分析的重点为熔滴颗粒的不稳定加速运动过程,以及熔滴颗粒在加速运动时速度随时间或飞行距离的变化规律。

颗粒的拉格朗日(Lagrangian)运动方程为

$$F_i = F_R + F_P + F_{vm} + F_B \tag{2.4}$$

式中,F_i 为颗粒的惯性力;F_R 为曳引阻力;F_P 为压力梯度力;F_{vm} 为虚假质量力;F_B 为巴塞特(Basset)力。且

$$F_i = \frac{1}{6}\pi d_P^3 \rho_P \frac{du_P}{dt}$$

$$F_R = C_d \frac{\pi d_P^2 \rho_g u_r^2}{4\ \ 2}$$

$$F_P = \frac{1}{6}\pi d_P^3 \rho_P \frac{du_g}{dt}$$

$$F_{vm} = \frac{1}{2}\frac{1}{6}\pi d_P^3 \rho_P \left(\frac{du_g}{dt} - \frac{du_P}{dt}\right)$$

$$F_B = \frac{3}{2}d_P^2(\pi\rho_g u_g)^{\frac{1}{2}}\int_{t_0}^{t} \frac{\dfrac{du_g}{dt} - \dfrac{du_P}{dt}}{\sqrt{t-\pi}}dt$$

式中,d_P 为颗粒直径;ρ_g 为气体的质量密度;ρ_P 为颗粒的质量密度;u_g 为气体速度;u_P 为颗粒的飞行速度;u_r 为气体与颗粒的相对速度;t 为颗粒的飞行时间;C_d 为曳引阻力系数;下标 p 为颗粒;g 为气体。

考虑双丝电弧喷涂高速气体的速度远高于较小尺寸颗粒的安全输送速度,在此条件下颗粒已被悬浮起来做不沉积的运动,所以颗粒的水平加速运动主要由气流的曳引阻力 F_R 决定。忽略其他各项力对颗粒水平运动的影响,有

$$\frac{1}{6}\pi d_P^3 \rho_P \frac{du_P}{dt} = C_d \frac{\pi d_P^2 \rho_g u_r^2}{4\ \ 2} \tag{2.5}$$

式中

$$u_r = u_{g0} - u_P$$

其中,u_{g0} 为气体初始速度。

因为 u_P 不断增加,所以 u_r 的值不断降低,直至其等于颗粒的终端沉降速度 u_t,即

$$u_r = u_t$$

u_t 的计算公式为

$$u_t = \sqrt{\frac{4d_P(\rho_P - \rho_g)g}{3\rho_g C_d}} \tag{2.6}$$

由于 u_t 值数量级通常为一位数,与双丝电弧喷枪产生的气体初始速度 u_{g0} 相比非常小,因此颗粒的最大飞行速度 u_{pmax} 在理论上可以接近气体初始速度 u_{g0}。阻力系数 C_d 是雷诺数 Re_p 的函数,表示为

$$C_d = A + \frac{B}{Re_p^n} \tag{2.7}$$

式中,A、B、n 为试验常数;

$$Re_p = \frac{|u_g - u_p| d_p}{\nu} = \frac{u_r d_p}{\nu} \tag{2.8}$$

式中,ν 为运动黏度。

因为 u_r 值不断减小,所以 Re_p 是一个变数。可认为喷涂熔滴颗粒的加速区与 Ingebob(鲍勃·艾格)不稳定运动试验的湍流区相似,即 $500 < Re_p < 15\,000$,此时 $A = 0, B = 0.44, n = 0$。

在以上条件下对式(2.5)进行积分可以得到

$$u_p = u_{g0} \left(1 - \frac{1}{u_{g0} C_1 t + 1} \right) \tag{2.9}$$

式中,$C_1 = \dfrac{0.75 B \rho_g}{d_p \rho_p}$。

式(2.9)即为计算喷涂熔滴颗粒飞行速度随时间变化的公式。另外,通过积分运算可以得到熔滴颗粒的飞行距离与飞行速度的关系式:

$$L_p = \frac{1}{C_1} \left(\frac{u_{g0}}{u_{g0} - u_p} - \ln \frac{u_{g0}}{u_{g0} - u_p} - 1 \right) \tag{2.10}$$

式中,L_p 为熔滴颗粒的飞行距离。

(2)熔滴颗粒温度。

双丝电弧喷涂过程中,两根丝材作为正负极产生电弧,压缩空气将熔化丝材端部雾化成细小的液滴,液滴在雾化气体的作用下,喷射到基材表面,形成涂层。从喷枪产生的高温高速气体,对喷涂熔滴颗粒的热量传输主要包括熔滴颗粒与雾化气体的对流换热和热辐射。由于熔滴颗粒对气体加热时,对流换热是最主要的热量传输方式,为了简化问题,颗粒对气体热辐射的影响忽略不计。

采用集总参数模型,喷涂熔滴颗粒放热过程中的放热速度可表示为

$$\mathrm{d}Q = \frac{1}{6} \pi d_p^3 \rho_p \frac{\mathrm{d}h_p}{\mathrm{d}t} \tag{2.11}$$

式中,Q 为颗粒与气体的换热量;h_p 为颗粒的热焓。

根据牛顿换热公式,可得气体对颗粒的对流换热速度为

$$\mathrm{d}Q = \alpha \pi d_p^2 (T_p - T_g) \tag{2.12}$$

式中,α 为换热系数;T_p 为颗粒的温度;T_g 为气体的温度。

将式(2.12)代入式(2.11)可以得到

$$\frac{1}{6} d_p \rho_p \frac{\mathrm{d}h_p}{\mathrm{d}t} = \alpha (T_p - T_g) \tag{2.13}$$

由于 $h_p = C_p T_p$,故 $\mathrm{d}h_p = C_p \mathrm{d}T_p$,所以

$$\frac{1}{6} d_p \rho_p C_p \frac{\mathrm{d}T_p}{\mathrm{d}t} = \alpha (T_g - T_p) \tag{2.14}$$

式中,C_p 为颗粒的比热。

又由于颗粒与气体的温度差：

$$T_r = T_p - T_g$$

故

$$\frac{\mathrm{d}T_p}{\mathrm{d}t} = \frac{\mathrm{d}(T_r - T_g)}{\mathrm{d}t} = \frac{\mathrm{d}T_r}{\mathrm{d}t}$$

则

$$\frac{1}{6}d_p\rho_p C_p \frac{\mathrm{d}T_r}{\mathrm{d}t} = \alpha T_r \tag{2.15}$$

对式(2.15)积分，并且颗粒温度和气体温度最后都达到室温 T_0，得到

$$T_p = T_0 + T_{g0} e^{\frac{-6\alpha}{d_p\rho_p C_p}t} \tag{2.16}$$

式中，T_p 为颗粒的温度；T_{g0} 为气体的温度；T_0 为室温（300 K）；ρ_p 为颗粒的密度；d_p 为颗粒的直径；C_p 为颗粒的比热；t 为颗粒的飞行时间。

式(2.16)即为熔滴颗粒温度与飞行时间的关系方程。

根据努塞特准则，颗粒与气体的对流换热系数为

$$\alpha = \frac{\lambda}{d_p}Nu_g \tag{2.17}$$

式中，λ 为颗粒的导热系数。

根据 Whitaker 推荐公式，式(2.17)中的努塞特数 Nu_g 为

$$Nu_g = 2 + (0.4\,Re_g^{1/2} + 0.06\,Re_g^{2/3})Pr_g^{0.4}\left(\frac{u_g}{u_\omega}\right)^{1/4} \tag{2.18}$$

式中，Pr_g 为普朗特数；u_ω 为颗粒表面的气流速度。

为了简化问题，假设颗粒表面的气流速度等于气体速度 u_g，即 $u_g/u_\omega = 1$，那么式(2.18)可写为

$$Nu_g = 2 + (0.4\,Re_g^{1/2} + 0.06\,Re_g^{2/3})Pr_g^{0.4} \tag{2.19}$$

将式(2.8)代入式(2.9)，得到气体的雷诺数为

$$Re_g = \frac{d_p}{v}\left(\frac{u_{g0}}{u_{g0}C_1 t + 1}\right) \tag{2.20}$$

（3）数值计算结果及分析。

由于喷枪气流的热物理性质比较复杂，为了使计算和分析更符合实际情况，选择与此气流相近的烟气热物理性质作为计算和分析的参考数据，见表 2.14，压力为 0.1 MPa，烟气和雾化气体的 P_r 均为 0.6，并根据气体的特点进行物理参数的修正，从而进行数值计算和分析。

表 2.14　颗粒与气体的热物理性质参数

物质	T/K	ρ /（kg·m^{-3}）	C_p/[kJ· (kg·℃)$^{-1}$]	$\lambda/\times10^2$[W· (m·℃)$^{-1}$]	$\mu/\times10^6$[kg· (m·s)$^{-1}$]	$\nu/\times10^6$ (m^2·s^{-1})
烟气	1 273	0.275	1.306	10.90	48.1	173.3
雾化气体	3 000	1.225	1.006	2.42	17.89	925.0
Ni–Al 熔滴	—	8 591	871	20 240	—	—

　　图 2.22 和图 2.23 所示为 Ni-Al 熔滴颗粒随着气流获得动能和热能过程的数值计算结果。图 2.22 为 Ni-Al 熔滴颗粒速度与飞行时间及飞行距离的关系,其中 d 为熔滴颗粒直径, u_g 为气体速度。从图中可以看到,熔滴颗粒在喷涂气体中的加速度比较缓慢,假设喷涂距离为 200 mm(一般喷涂加速距离为 50~300 mm),直径为 5 μm 的小熔滴颗粒到达待喷涂工件表面的速度能达到气体速度的 45%,而直径为 50 μm 的较大熔滴颗粒到达待喷涂工件表面的速度只能达到气体速度的 15% 左右,如果熔滴颗粒更大速度会更慢,说明熔滴颗粒尺寸的大小是影响其速度的一个重要原因。

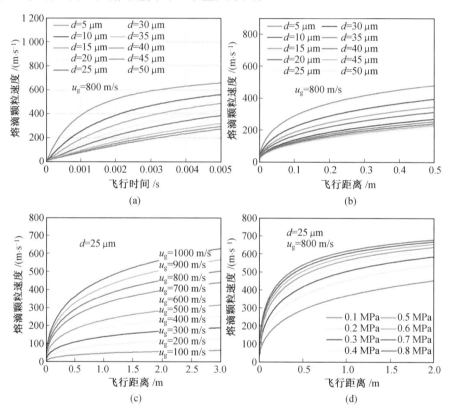

图 2.22　Ni-Al 熔滴颗粒飞行速度与飞行时间及飞行距离的关系(彩图见附录)

　　图 2.22(c)的结果证实了喷枪的气体速度是决定熔滴颗粒速度最关键的因素。对直径为 25 μm 的颗粒,当气体速度为 200 m/s 时,其在 0.5 m 处的速度只有 80 m/s 左右,而当气体速度为 1 000 m/s 时,其速度可达 360 m/s 左右,即颗粒到达工件表面的速度随喷枪气体速度的增大而增大。此外,气体压力对颗粒速度也有较大的影响(图 2.22(d)),当气体压力增高时,颗粒速度也相应增大。然而当喷枪的质量流率一定时(电流、电压和送丝速度一定时),气体的

密度与速度成反比关系,表示为

$$\frac{\rho\mu^2}{2} = \frac{\gamma p M^2}{2}$$

式中,ρ 为密度;μ 为动力黏度;γ 为等压比热/等容比热;p 为压强;M 为马赫数。

影响颗粒速度函数的变量同时反映了气体速度和密度对颗粒速度的影响,整理式(2.9)可得

$$u_p \approx k\sqrt{\frac{1}{2}u_g^2\rho} \tag{2.21}$$

式中,k 为与颗粒和雾化气体物理性质有关的系数。

式(2.21)表明,熔滴颗粒的速度与气流动压的平方根近似成正比,双丝电弧喷涂雾化气体的动压越高,则喷涂熔滴颗粒的加速度越大。

图 2.23 所示为在喷涂雾化气体中,熔滴颗粒温度与时间的关系曲线,其中 T_g 为气体温度,d 为熔滴颗粒,u_g 为气体速度。计算结果表明,丝材在电弧作用下产生喷涂熔滴颗粒,熔滴颗粒在瞬间温度达到最高,然后趋于稳定,直至在气流作用下温度降低。双丝电弧喷涂过程中,较大熔滴颗粒冷却速度比较小熔滴颗粒冷却速度慢。

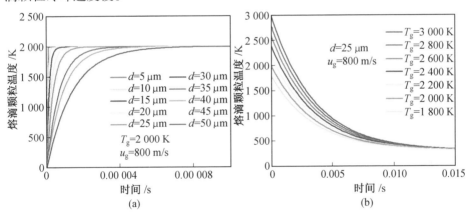

图 2.23　熔滴颗粒温度与时间的关系曲线(彩图见附录)

图 2.23 表明,喷涂熔滴颗粒的最高温度(可以添加辅助气体(如丙烷)获得)完全取决于电弧本身的温度,随着飞行时间的增加,熔滴颗粒在雾化气体的作用下,温度迅速降低,直至达到室温。由于双丝电弧喷涂的熔滴颗粒速度范围比较宽(可达 100~400 m/s),较高的熔滴颗粒速度使其在空气中氧化暴露的时间较短,所以涂层具有较高的结合强度和致密度,同时氧化物含量较低。因此在特定工艺条件下,较高的雾化气体压力易于产生较小的喷涂熔滴颗粒,适合作为 Ni-Al 复合涂层的打底层,而相对较低的雾化气体压力产生相对较大的喷涂熔滴颗粒,更适合作为 Ni-Al 复合涂层的面层。

3. 雾化熔滴撞击和凝固行为

双丝电弧喷涂雾化后的熔滴撞击基体变形以及凝固行为对涂层的孔隙率、结合强度和表面粗糙度有重要影响。涂层中总存在孔隙,涂层越厚,其表面越粗糙,熔融颗粒的平均直径越大,则所得涂层孔隙率越小。随着熔融颗粒速度或温度的升高,表面粗糙度与涂层孔隙率均减小。双丝电弧喷涂过程中熔滴碰撞基体后发生扁平变形化过程,碰撞速度越大,熔滴密度越大,作用在基体表面的压力越大,扁平颗粒的结合力越大。因此研究 Ni-Al 熔滴在高速碰撞后的变形及凝固规律,具有重要的研究意义。采用 VOF 双相流模型对熔滴与基板碰撞变形的自由表面和凝固界面进行追踪,建立熔滴与基板碰撞变形和凝固的理论模型,分析不同直径熔滴在不同雾化气体压力下的撞击变形和凝固过程。

(1)数值建模和材料物性参数。

控制方程采用 VOF 双相流模型,该控制方程包括动量方程、能量方程及连续方程。假设熔滴相变过程中密度不变且体积不可压缩,则二维连续方程为

$$\frac{\partial u}{\partial x}+\frac{\partial v}{\partial y}=0 \tag{2.22}$$

式中,u 和 v 分别为熔滴在 x 和 y 方向的速度。采用动量方程进行求解,所得速度场为气和液两相共用,其动量方程组为

$$\rho \frac{\mathrm{d}u}{\mathrm{d}t}=\mu\left(\frac{\partial^2 u}{\partial x^2}+\frac{\partial^2 u}{\partial y^2}\right)-\frac{\partial p}{\partial x}+G_x \tag{2.23}$$

$$\rho \frac{\mathrm{d}v}{\mathrm{d}t}=\mu\left(\frac{\partial^2 v}{\partial x^2}+\frac{\partial^2 v}{\partial y^2}\right)-\frac{\partial p}{\partial y}+G_y \tag{2.24}$$

式中,p 为压强;μ 为动力黏度;G_x 为横向体积力;G_y 为纵向体积力;密度 $\rho=(1-F)\rho_1+F\rho_2$,其中 F 为每个单元中目标流体的体积分数,ρ_1 为空气密度,ρ_2 为熔滴密度。

熔滴的能量包括机械能和热能,机械能转化的热量与熔滴自身所带热量相比很小,可忽略不计,所以能量守恒方程可以简化为

$$\rho c_V \frac{\mathrm{d}T}{\mathrm{d}t}=\lambda\left(\frac{\partial^2 T}{\partial x^2}+\frac{\partial^2 T}{\partial y^2}\right) \tag{2.25}$$

式中,c_V 为比热容;T 为温度;λ 为导热系数。

在 VOF 双相流模型中,每个单元中的温度 T 取其中各相质量分数的平均值,即

$$T=\frac{(1-F)\rho_1 T_1+F\rho_2 T_2}{(1-F)\rho_1+F\rho_2} \tag{2.26}$$

式中,各相温度 T_1 和 T_2 是基于该相的热物性参数求得。

利用 VOF 双相流模型对熔滴变形自由表面跟踪,定义熔滴为目标流体,则每个单元的流体体积分数 F 为单元中目标流体的体积与单元总体积之比。假设计算区域中两种目标流体所占区域分别为 Ψ 和 Ψ',自由表面为 Γ,(i,j) 为

单元坐标,则有 $F=1$,$(i,j)\in\Psi$;$0<F<1$,$(i,j)\in\Gamma$;$F=0$,$(i,j)\in\Psi'$。则 VOF 控制方程为

$$\frac{\partial F}{\partial t}+u\frac{\partial F}{\partial x}+v\frac{\partial F}{\partial y}=0 \tag{2.27}$$

对式(2.27)进行求解即可获得所有单元的 F 值,将 F 值介于 $0\sim1$ 的网格相连得到更新的自由表面 Γ。

熔滴与周围介质发生热量交换,熔滴在下降到熔点温度以下时会发生凝固。熔滴内部从基体处开始发生凝固,凝固界面随着热量的散失,不断移动,直至整个熔滴都成为固相。为区分熔滴内部的固液相区,定义单元液相体积分数为 γ,通过计算得到单元 γ 值,实现对凝固界面的追踪。为使整个计算区域所有单元对 γ 都有意义,规定气体区域单元 γ 值为 1,固体区域(基体)单元的 γ 值为 0,熔滴内部单元 γ 值定义为 $\gamma=0$,$T\leqslant T_{m}$;$\gamma=1$,$T>T_{m}$(T_{m} 为金属熔点)。

计算区域及网格划分为:流体区域为 500 μm×55 μm,网格划分为 28×250;固体区域为 500 μm×55 μm,网格划分为 20×250,网格共计 12 000 个,计算区域示意图及边界条件如图 2.24 所示。根据双丝电弧喷涂过程中获得的 Ni-Al 粉末尺寸特征,选取 25 μm 和 50 μm 两种直径的熔滴进行分析,研究单个熔滴的撞击变形和凝固行为。熔滴撞击基体沿 y 轴负向速度分别为 100 m/s、200 m/s、300 m/s 和 400 m/s,计算所用材料的物性参数见表 2.13。

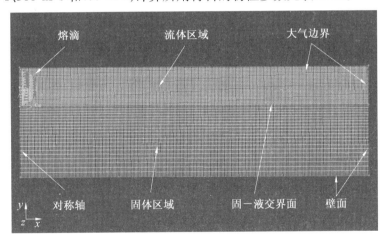

图 2.24　计算区域示意图及边界条件(彩图见附录)

(2)熔滴撞击变形及凝固分析。

图 2.25 和图 2.26 分别为直径为 25 μm、撞击速度为 300 m/s 的熔滴变形和凝固过程随时间变化,以及直径为 50 μm、撞击速度为 200 m/s 的熔滴变形和凝固过程随时间变化。从图 2.25 中可以看出,随着时间的延长,熔滴迅速铺展,在 0.2 μs 时,铺展直径为 233.4 μm,铺展厚度为 6.28 μm;而在 1 μs 时,铺

展直径达到 637.6 μm。图 2.26 中，随着熔滴直径的增大和速度的提高，颗粒变形比较充分，并以一定速度向四周扩展，铺展半径由初始的 112.6 μm 增加至 685.6 μm，铺展厚度由 26.8 μm 降低至 6.64 μm。

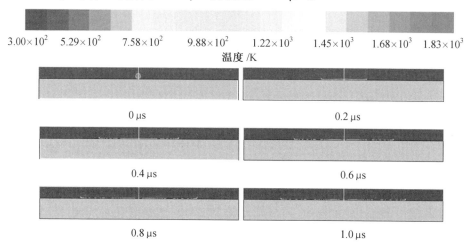

图 2.25　直径为 25 μm、速度为 300 m/s 的熔滴变形和凝固过程随时间变化（彩图见附录）

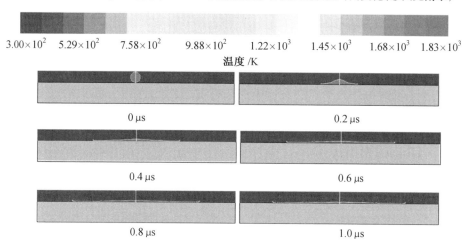

图 2.26　直径为 50 μm、速度为 200 m/s 的熔滴变形和凝固过程随时间变化（彩图见附录）

图 2.27 显示，熔滴撞击基体后，发生铺展，形成扁平化颗粒，随着速度的增加，颗粒扁平程度加剧（0 μs 时，熔滴内部温度都在液相线温度以上，不存在凝固层），随着熔滴尺寸的增大，铺展直径和铺展厚度相应变宽。熔滴在基体铺展过程中，将与周围介质发生热量交换，凝固层出现并生长。熔滴内部凝固界面逐渐变大，界面向四周铺展同时不断向上运动，凝固界面从中间向四周略有倾斜，随着时间推移逐渐趋于水平。在 1 μs 时，同种熔滴撞击速度越大，相同

时间内,熔滴铺展越快;在熔滴撞击速度相同时,熔滴尺寸越大,形成的扁平颗粒厚度尺寸越大;大尺寸熔滴在高速撞击的情形下,将形成更大直径的扁平颗粒,在远离轴线中心处,高速熔滴在撞击基体后发生飞溅现象。

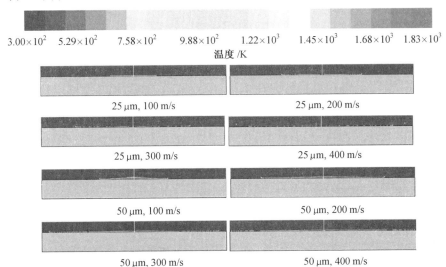

图 2.27　双丝电弧喷涂 1 μs 时的熔滴变形和凝固过程随颗粒直径和速度变化(彩图见附录)

图 2.28 所示为熔滴铺展直径和厚度与凝固时间的关系。从图 2.28(a)中可以看出,25 μm 和 50 μm 的熔滴颗粒随着凝固时间的延长,熔滴铺展直径有增大的趋势;在同一时刻,熔滴直径越大、速度越高,铺展直径越大。单个熔滴在 1 μs 时,铺展直径趋于稳定。从图 2.28(b)中可以看出,25 μm 和 50 μm 的熔滴颗粒随着凝固时间的延长,熔滴铺展厚度减小;在同一时刻,熔滴直径越大、速度越低,铺展厚度越大,在 1 μs 时,铺展厚度也趋于稳定。

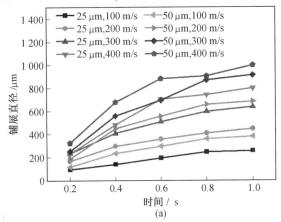

图 2.28　熔滴铺展直径和厚度与凝固时间的关系(彩图见附录)

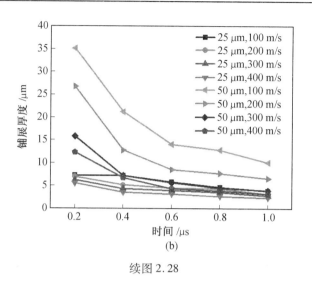

(b)

续图 2.28

（3）喷涂熔滴颗粒温度场分析。

直径为 25 μm、速度为 300 m/s 的熔滴凝固温度场随时间的变化如图 2.29
所示，其中温度场的单位是 K。直径为 50 μm、速度为 200 m/s 的熔滴凝固温度
场随时间的变化如图 2.30 所示。随着时间的延长，熔滴温度场区域变大，对于
小尺寸的熔滴颗粒，在较高速度下，周围容易产生飞边现象。随着熔滴在基体
上铺展时间的延长，扁平颗粒半径增大，其温度场以 y 轴为中心，向四周扩展，
轴线中心处由于具有较高的速度，因此温度降低较快，在 1 μs 范围内，直径为
25 μm 的熔滴较直径为 50 μm 的熔滴凝固速度更快。相同直径的熔滴，随着撞
击速度的增加，温度场范围加大，在远离轴线中心形成较大的温度梯度变化，对
周围颗粒的凝固产生一定影响。

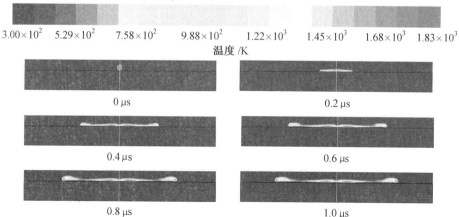

图 2.29　直径为 25 μm、速度为 300 m/s 的熔滴凝固温度场随时间的变化（彩图见附录）

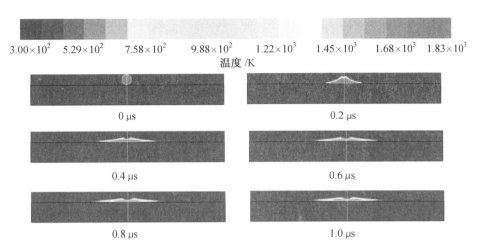

图 2.30　直径为 50 μm、速度为 200 m/s 的熔滴凝固温度场随时间的变化（彩图见附录）

　　图 2.31 所示为双丝电弧喷涂 1 μs 时的熔滴凝固温度场随颗粒直径和速度的变化。对于直径为 25 μm 的熔滴颗粒，随着速度的增加，温度场区域变大。在速度为 300 m/s 时，温度场周围出现飞边现象；在速度为 400 m/s 时，熔滴已经完全凝固。对于直径为 50 μm 的熔滴颗粒，相比同一速度的小尺寸熔滴，温度场区域变得更宽，同样在速度为 300 m/s 时，温度场周围出现飞边现象。

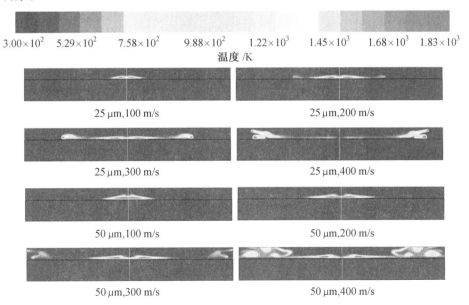

图 2.31　双丝电弧喷涂 1 μs 时的熔滴凝固温度场随颗粒直径和速度的变化（彩图见附录）

图 2.31 中熔滴颗粒速度为 400 m/s 时,飞边现象特别严重,直径为 50 μm 的熔滴在 400 m/s 时,并未完全凝固,可见小尺寸的熔滴颗粒在较高的撞击速度下,凝固时间较短,而大尺寸的熔滴颗粒由于散热慢,在较高的速度时仍能保持一定的温度,形成半固态扁平颗粒,这对于后续的沉积颗粒来说,起到一定的有益作用。

图 2.32 所示为双丝电弧喷涂熔滴凝固温度与时间的关系,每种参数下都计算到 50 μs,在不同时间分别取最高温度值。从图中可以看出,在 0 ~ 10 μs 范围内,熔滴冷却速度较快。直径为 50 μm 的熔滴,速度为 100 m/s 时,在 0 ~ 40 μs 范围内,冷却最慢;而直径为 25 μm 的熔滴,速度为 400 m/s 时,在 0 ~ 40 μs 范围内,冷却最快。时间为 50 μs 时,所有熔滴都趋近于室温,可以计算出熔滴的凝固速度范围为 $3.1 \times 10^7 \sim 7.6 \times 10^7$ K/s,因此双丝电弧喷涂的熔滴凝固属于快速凝固特征。

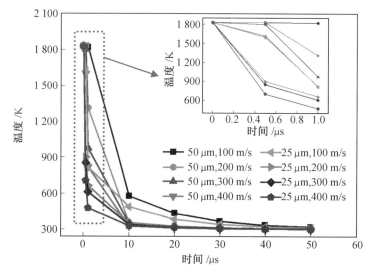

图 2.32　双丝电弧喷涂熔滴凝固温度与时间的关系(彩图见附录)

熔滴在变形的同时与周围发生热交换,其凝固状态和变形程度相互影响,温度反映了计算区域内能量分布的参数,Ni—Al 熔滴初始温度为 1 828 K,基体和空气初始温度为 300 K,熔滴将热量传递给空气和基体,自身温度从心部向四周逐渐降低。实际喷涂过程中,由于后续熔滴颗粒对前一熔滴颗粒的影响,前一熔滴在半凝固状态时,后一熔滴就到达前一熔滴的表面,因此与基体接触的熔滴热量主要传给基体,少部分与后续熔滴产生热量交换。在此同时,由于熔滴具有较高的速度,熔滴中间形成凹坑,高速熔滴远离轴线中心的温度场发生温度波动,效果非常明显(图 2.32)。由于实际收集的 Ni—Al 粉末大部分直径为 5 ~ 50 μm,因此通过对选取的两种熔滴(25 μm 和 50 μm)变形程度和温度场变化过程进行观察,直径为 50 μm 熔滴的变形效果更直观。

2.3.2　双丝电弧喷涂 Ni-Al 粉末特征

采用不同雾化气体压力的喷涂工艺参数,利用机械手喷涂到盛水的容器中回收喷涂 Ni-Al 粉末,采用 SEM 观察颗粒形貌特征,其喷涂工艺参数见表 2.15,粉末收集过程如图 2.33 所示。

表 2.15　获得 Ni-Al 粉末的喷涂工艺参数

喷涂材料	喷涂电压/V	喷涂电流/A	丝材直径/mm	喷涂距离/mm	喷涂时间/s	空气压力/MPa
Ni-5% Al	30	200	φ1.6	150	30	0.2/0.3/0.4
Ni-20% Al	30	200	φ1.6	150	30	0.2/0.3/0.4

图 2.33　双丝电弧喷涂 Ni-Al 粉末收集过程

1. 喷涂颗粒表面形貌

根据表 2.15 的喷涂工艺参数,对获取的 Ni-Al 粉末分别进行沉淀收集、封闭并在 100 ℃ 下烘干 2 h,在观察表面形貌前进行喷金处理,喷金 60 ~ 80 s,在扫描电子显微镜下观察粉末表面形貌,如图 2.34 所示。

从图中可以看出,喷涂颗粒随着雾化压力的增大,尺寸减小,颗粒尺寸小于 50 μm,颗粒球形度较高;从表面形貌上观察,两种丝材喷涂过程中产生的熔融颗粒形态没有明显差别,都是由 Al_2O_3 和 Ni 的 Al 化物组成。

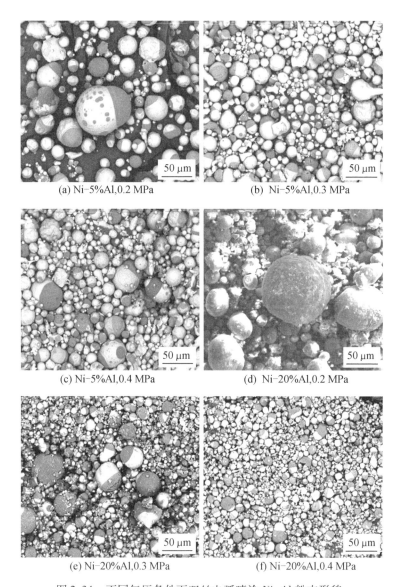

(a) Ni-5%Al,0.2 MPa (b) Ni-5%Al,0.3 MPa

(c) Ni-5%Al,0.4 MPa (d) Ni-20%Al,0.2 MPa

(e) Ni-20%Al,0.3 MPa (f) Ni-20%Al,0.4 MPa

图 2.34 不同气压条件下双丝电弧喷涂 Ni-Al 粉末形貌

从获得的 Ni-Al 粉末中选取特殊形状颗粒进行表面线扫描和能谱分析,明确这些特殊形状颗粒的成分,图 2.35 中 1#～3#分别为椭球形状粉末颗粒的不同部位,由能谱分析结果可知,两侧白色部分主要是由 Ni-Al 相和 NiO 构成,中间灰色部分是由 Al_2O_3 构成。

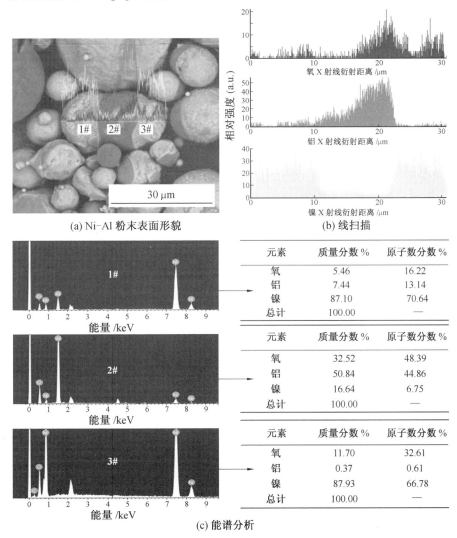

(a) Ni-Al 粉末表面形貌

(b) 线扫描

(c) 能谱分析

图 2.35　双丝电弧喷涂 Ni-Al 粉末表面线扫描和能谱分析(彩图见附录)

图 2.36 中,Ni-Al 粉末颗粒中存在独立的 Al_2O_3 颗粒,尺寸约为 40 μm。少量 Al_2O_3 颗粒的存在改变了涂层以 Ni-Al 相为主的成分,陶瓷颗粒的存在有利于提高涂层的硬度及耐磨性等性能。

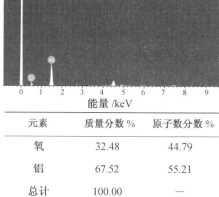

(a) Al₂O₃ 颗粒形貌	(b) 能谱分析

图 2.36　双丝电弧喷涂获得的 Al₂O₃ 颗粒形貌和能谱分析结果（彩图见附录）

2. 喷涂颗粒截面形貌

　　Ni-Al 粉末和 A、B 胶混合均匀放入细铜管中制样,抛光后喷金处理,在扫描电子显微镜下观察粉末截面形貌。图 2.37~2.40 所示为双丝电弧喷涂 Ni-Al 粉末截面形貌和能谱分析结果,从这些图中可以看出,Ni-Al 粉末呈多种形状,如两侧镶嵌式、内外包裹式及内含枝晶式等,大多数颗粒外层是 Al₂O₃,主要因为颗粒中的铝与大气或者水作用结果。图 2.37 中 Ni-Al 颗粒的截面形貌显示,1#为 Al₂O₃,2#为 Ni₃Al 相。图 2.38 中 1#为 Ni-Al 相,2#为 Ni 固溶体。图 2.39 中1#由 Al₂O₃ 和 NiAl 构成,2#为 Ni 固溶体。图 2.40 中 1#由 Al₂O₃ 和 NiAl 构成,2#由 Al₂O₃ 和 NiO 构成。

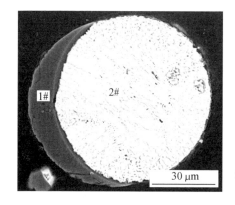

	元素	质量分数 %	原子数分数 %
	氧	40.05	52.98
1#	铝	59.95	47.02
	总计	100.00	

	元素	质量分数 %	原子数分数 %
	铝	13.09	24.69
2#	镍	86.91	75.31
	总计	100.00	—

(a) Ni-Al 粉末截面形貌	(b) 能谱分析

图 2.37　双丝电弧喷涂 Ni-Al 粉末截面形貌和能谱分析结果 1

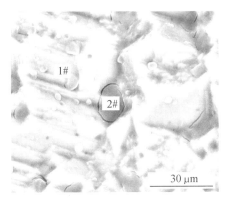

	元素	质量分数 %	原子数分数 %
1#	铝	1.41	3.03
	镍	98.59	96.97
	总计	100.00	—

	元素	质量分数 %	原子数分数 %
2#	镍	100.00	100.00
	总计	100.00	—

(a) Ni-Al 粉末截面形貌　　　　　　　　(b) 能谱分析

图 2.38　双丝电弧喷涂 Ni-Al 粉末截面形貌和能谱分析结果 2

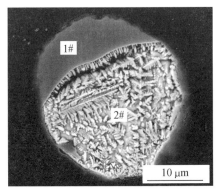

	元素	质量分数 %	原子数分数 %
1#	氧	33.14	50.75
	铝	43.50	39.50
	镍	23.36	9.75
	总计	100.00	

	元素	质量分数 %	原子数分数 %
2#	镍	100.00	100.00
	总计	100.00	—

(a) Ni-Al 粉末截面形貌　　　　　　　　(b) 能谱分析

图 2.39　双丝电弧喷涂 Ni-Al 粉末截面形貌和能谱分析结果 3

　　双丝电弧喷涂 Ni-Al 粉末表面形貌和截面形貌显示多样化特征,从能谱分析结果中可得各种颗粒的质量分数和原子数分数。粉末颗粒的特征与模拟过程具有较好的一致性。

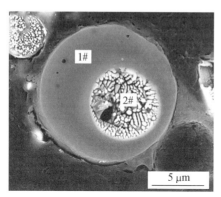

1#	元素	质量分数 %	原子数分数 %
	氧	39.18	54.05
	铝	52.20	42.71
	镍	8.62	3.24
	总计	100.00	—

2#	元素	质量分数 %	原子数分数 %
	氧	28.14	52.90
	铝	17.09	19.05
	镍	54.77	28.05
	总计	100.00	—

(a) Ni–Al 粉末截面形貌　　　　　　(b) 能谱分析

图 2.40　双丝电弧喷涂 Ni–Al 粉末截面形貌和能谱分析结果 4

第3章　TWAS涂层性能及其热处理

涂层的结合强度、表面粗糙度、耐冲击和耐腐蚀性是影响偏流板表面涂层性的主要因素,在大多数热喷涂过程中,基体与涂层的结合强度是涂层性能中最关键、最薄弱的一项,涂层结合强度低,抗冲击性能弱,易造成涂层脱落。涂层的结合强度与多种因素有关,镍铝合金丝材具有优越的自结合性,因而镍铝自熔合金材料有助于提高涂层结合强度。

镍铝合金丝材由于含有铝和镍元素,在较高热源温度下氧化放热起提高颗粒温度的作用,它可以作为与多种材料结合的黏结层。自熔材料的作用机理,较受人们认可的是能与母材熔合,形成微焊接结合。自熔性喷涂材料各组元的反应过程和放热量的大小,对喷涂材料组元的选择和设计新型喷涂材料并制定合理喷涂工艺有着重要影响,因此研究镍铝间的放热反应是自熔性喷涂材料重要的研究内容。近些年来,电弧喷涂镍铝丝材已经代替铝青铜丝材作为打底层材料,不仅使打底层的质量进一步提高,还改善了喷涂过程中的劳动条件。此外,镍铝复合丝材由于其在喷涂过程中形成金属间化合物,而具有较高的硬度、表面粗糙度和优良的耐磨性能,因此可以作为工作层,使镍铝合金成为应用非常广泛的热喷涂材料。

3.1　涂层结构优化及对比分析

研究试验的涂层结构共分为四种,分别为涂层 A:Ni-5% Al/Ni-5% Al;涂层 B:Ni-5% Al/Ni-20% Al;涂层 C:Ni-5% Al/Zn/Ni-5% Al;涂层 D:Ni-5% Al/Zn/Ni-20% Al。

所有测试试样的制备工艺按照表 3.1 所示工艺参数执行。图 3.1 所示为四种涂层截面相貌,其中涂层 A 和涂层 B 实际为两步喷涂形成的双层结构,但涂层 A 和涂层 B 都是由镍和铝两种成分组成,所以从金相观察结果似乎为单一涂层,涂层 C 和涂层 D 中间夹层为 Zn 涂层。从图 3.1 可以看出,四种涂层的金相组织都均匀无横向裂纹,无分层,同时涂层与基体界面无分离现象,在底层没有裂纹,面层没有平行基体表面的横向裂纹和裂到底层的纵向裂纹。此外,四种涂层结构中,基体金属和涂层之间无分离,界面污染(含氧化物和砂粒)极少。

表3.1 A、B、C和D四种涂层结构喷涂工艺参数

涂层	层结构	电压/V	电流/A	空气压力/MPa	喷涂距离/mm	枪速/(mm·s⁻¹)	涂层厚度/mm
A	Ni-5% Al(打底层)	30	200	0.41	150	500	0.15
	Ni-5% Al(面层)	30	200	0.35	200	500	0.35
B	Ni-5% Al(打底层)	30	200	0.41	150	500	0.15
	Ni-20% Al(面层)	30	200	0.20	50	500	0.35
C	Ni-5% Al(打底层)	30	200	0.41	150	500	0.15
	Zn(中间层)	20	100	0.41	150	500	0.10
	Ni-5% Al(面层)	30	200	0.35	200	500	0.25
D	Ni-5% Al(打底层)	30	200	0.41	150	500	0.16
	Zn(中间层)	20	100	0.41	150	500	0.10
	Ni-20% Al(面层)	30	200	0.20	50	500	0.25

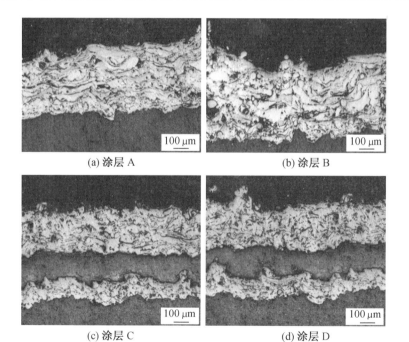

(a) 涂层 A   (b) 涂层 B

(c) 涂层 C   (d) 涂层 D

图3.1 四种涂层截面形貌

双丝电弧喷涂涂层组织属于快速凝固组织,晶粒大小对涂层性能的影响差别不大,主要体现在涂层的致密度,即孔隙率(单位:%)作为涂层的重要性能指标。在耐蚀性涂层应用过程中,腐蚀介质通过孔隙浸透到基材表面,有多种因素影响涂层的孔隙率,包括基体的表面状态、熔滴的特性和喷涂材料的物理性能等。涂层由大量扁平颗粒堆叠而成,扁平颗粒在相互作用过程中,往往不能完全重叠在一起,尤其是速度较低的熔滴颗粒,由于不充分变形,易产生部分重叠,而形成孔隙。由涂层的结构可以发现,孔隙大部分出现在凝固颗粒的交界处,也就是说,不完全重叠是形成涂层孔隙的主要因素。电弧喷涂颗粒的速度较高,颗粒沉积时与基体撞击力较大,变形更加充分,大大减少了颗粒间的孔隙率。

根据图 3.1 涂层截面形貌分析结果,计算得到四种涂层孔隙率的柱状图,如图 3.2 所示,涂层 B 的孔隙率最低。随着涂层的厚度增加,通孔产生的概率会下降,但是随着涂敷面积的增大,通孔产生的概率又会增大。涂层应力和涂层厚度的关系综合考虑,不宜采用过大厚度的涂层。

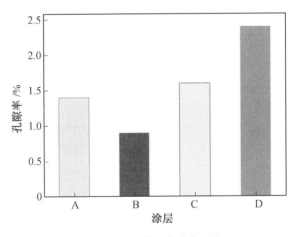

图 3.2 四种涂层孔隙率对比

由于贯穿性通孔的存在,在腐蚀环境下,结合毛细作用,形成腐蚀环境之间的通道,从而失去保护作用。在实践中,可以采用封孔剂将通孔密封,从而实现通孔封闭,隔绝腐蚀环境和基底,实现防腐目标。从盐雾腐蚀试验结果中可以看出,经过封孔处理的涂层 A 和涂层 B 将腐蚀环境完全隔离,具有良好的防腐性能。

3.1.1 结合强度对比分析

涂层与基体的结合强度是涂层质量最关键的指标之一,是保证涂层满足机械、物理及化学等使用性能的基本前提。涂层与基体结合强度测定方法受到涂层研究和使用者的共同关注,定性研究方法有杯突法、弯折法、偏心车削法、凿击法、网格法、热震(循环)法、喷砂法和超声法等,定量测定结合强度的方法有黏结拉伸法、压入法、断裂力学法和一些动态结合强度测定方法等。目前普遍采用的是黏结拉伸法,各国都制定了类似的试验标准,如 ASTM C633 - 79、DIN5060 和 JIS-H8664 等。

通过拉伸法在电子万能拉伸试验机上测试涂层 A、涂层 B、涂层 C 和涂层 D 的结合性能,四种涂层的结合强度对比及涂层 A 结合强度工艺优化如图 3.3 所示。测试涂层使用的 E-7 黏结剂强度为 70 MPa,涂层与基体的结合强度指标要求大于 45 MPa。从图 3.3(a)中可以看出,涂层 B 的结合强度最高,平均结合强度为53.86 MPa,然后依次是涂层 A(38.26 MPa)、涂层 C(27.11 MPa)和 D(17.90 MPa)。对于涂层 C 和涂层 D,Zn 涂层的存在导致整体强度降低,图 3.4

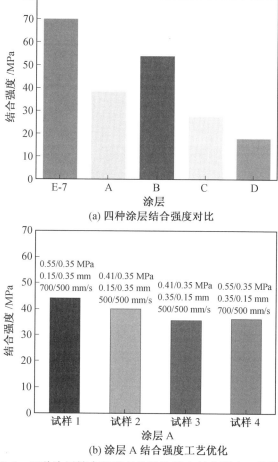

(a) 四种涂层结合强度对比

(b) 涂层 A 结合强度工艺优化

图 3.3　四种涂层结合强度对比及涂层 A 结合强度工艺优化

所示为拉伸试样断口宏观形貌对比,涂层 A 和涂层 B 结合强度较高,断裂位置发生在涂层与基体之间,涂层 C 和涂层 D 结合强度较低,断裂位置发生在 Zn 涂层内部,涂层有翘起现象。综上结果,涂层 B 结合强度最高,涂层 A 次之,对涂层 A 进一步优化试验。涂层 A 即 Ni-5% Al/Ni-5% Al 双层,尝试改变工艺参数,达到提高其结合强度的目的。调整工艺参数(空气压力、涂层厚度和枪体扫描速度)获取涂层,结合强度测试结果,如图 3.3(b)所示。

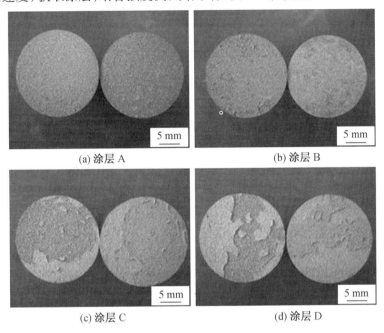

(a) 涂层 A　　　　　　　　　　　　(b) 涂层 B

(c) 涂层 C　　　　　　　　　　　　(d) 涂层 D

图 3.4　拉伸试样断口宏观形貌对比

　　从图 3.3(b)中可以看出,打底层采用较高的空气压力(0.55 MPa)、较快的枪体扫描速度(700 mm/s)和相对面层较薄的涂层厚度(0.15 mm),有利于改善涂层的结合强度,但所得涂层 A 的结合强度皆小于 45 MPa。由此可知,涂层 A 的结合强度低于涂层 B 的结合强度。影响涂层结合强度的因素有喷涂材料种类、喷涂距离、喷砂时间、砂粒尺寸、基材预热温度、表面粗糙度、喷涂颗粒速度、涂层厚度和涂层残余应力等。喷涂颗粒速度增加,颗粒的扁平度增加,增大了颗粒和基材的结合面积,进而提高了结合强度。涂层 B 的结合强度较高,主要归因于喷涂 Ni-5% Al 合金丝具有自熔合特点,导致涂层与基体发生微冶金结合。

3.1.2　硬度对比分析

　　由于涂层 A 和涂层 C 的面层相同,而涂层 B 和涂层 D 的面层相同,因此只对 Ni-5% Al 面层和 Ni-20% Al 面层分别进行表面硬度测量。利用 HVS-1000 显微硬度仪测定涂层显微硬度时选取涂层中间部位 10 个点测量。由图 3.5 可知,Ni-5% Al 涂层的显微硬度介于 HV170 ~ HV330 之间,平均值为 HV240;Ni-20% Al 涂层的显微硬度介于 HV240 ~ HV410 之间,平均值为 HV330。面层硬度比打底层硬度偏高,主要是由于 Ni-20% Al 涂层中含有 NiAl 和 Ni_3Al 金属间化合物相。

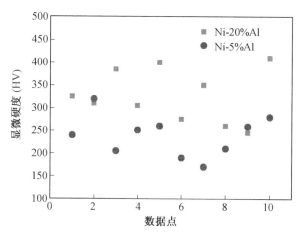

图 3.5　Ni-5% Al 涂层和 Ni-20% Al 涂层显微硬度对比($HV_{0.2}$)

3.1.3　耐冲击性能对比分析

冲击试验用于检验涂层抵抗各种实际情况下外物或外力的冲击能力,参考 MIL-PRF-24667C(SH)-4.4.3 和 ASTM G14.96 标准进行耐冲击试验。需要说明的是,该测试实际上要求是用来检测有机涂层的军标。

试验制备的金属涂层具有良好的塑性,因此按照该标准进行冲击试验,所得结果有别于针对金属材料常用的冲击试验。按照耐冲击测试要求,自制冲击试验装置用于检测四种涂层的耐冲击性。经过 25 次(25 个位置点)冲击后,选取具有代表性的涂层 B,试验结果如图 3.6(a)所示。对未经过海水处理的涂层进行冲击测试的结果表明,冲击后的涂层十分坚固,虽然冲击头在涂层表面留下了冲击坑点,但是采用凿子触碰时,有别于有机涂层的脆性脱落,塑韧性良好的涂层十分坚固,没有任何涂层脱落和粉碎剥离现象发生,表明该涂层具有良好的耐冲击性。四种涂层经海水浸泡试验,再进行冲击试验,仍选取具有代表性的涂层 B,试验结果如图 3.6(b)所示,经过海水浸泡的该涂层表面变成深绿色,同样表现出良好的耐冲击性能,涂层经过触碰处理未见任何涂层剥落和粉碎剥离现象发生。

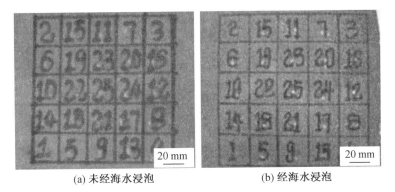

(a) 未经海水浸泡　　　　　　　(b) 经海水浸泡

图 3.6　未经海水浸泡和经海水浸泡处理涂层冲击试验结果对比

涂层的耐冲击性与附着力密切相关,区别在于耐冲击试验使涂层和基材发生了几何变形,涂层的耐冲击性除了取决于选用的材料外,还与基材的表面预处理等有关。由于涂层与基体结合强度较高,因此试验中,涂层未发生微裂、深裂、龟裂和剥落等现象,按照标准要求进行打分评估,四种涂层的耐冲击性都达到 100% ,满足涂层性能要求。

3.1.4　耐冲蚀性能对比分析

按照耐冲蚀性测试要求,针对 A、B、C 和 D 四种涂层进行耐冲蚀测试。空气压力为 0.54 ~ 0.58 MPa,氧化铝流量为 110 ~ 120 g/min,粒径小于 0.061 mm,喷嘴直径为 4 mm,喷距为 40 mm,冲角为 15°、30°、45°、60°、75° 和 90°,指标要求冲蚀量应低于 0.03 g/min。四种涂层的质量损失率如图 3.7 所示,其中涂层 A 和涂层 C 的面层相同,涂层 B 和涂层 D 的面层相同。

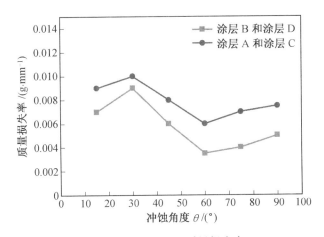

图 3.7　四种涂层的质量损失率

从图 3.7 中可以看出,随着冲蚀角度的增大,损失率在 30°时达到最高,然后趋于稳定趋势,在 90°时略有升高。对于同一角度,涂层 B 和涂层 D 的损失率低于涂层 A 和涂层 C 的损失率,说明前者耐冲蚀性强于后者。在小角度冲蚀时,砂粒对涂层产生的是微切削,而大角度冲蚀时,主要以塑性变形为主。由于 NiAl 涂层本身硬度较高,砂粒的冲蚀十分微弱,说明这四种金属涂层都具有良好的耐冲蚀性。

3.1.5　耐高温冲击性能对比分析

在热冲击过程中,涂层与基体界面附件产生很大的热应力梯度,很容易导致涂层破坏。按照热冲击测试要求,A、B、C 和 D 四种涂层各取 4 片试样进行热冲击试验,测试在自制热冲击装置上进行,试片背面紧贴连通循环冷却水管的铁板。通冷却水,用氧乙炔焊炬加热涂层,加热温度不低于 600 ℃,热冲击循环次数均为 500 次。经过热冲击后选择具有代表性涂层进行观察,涂层 B 的表面状态观察如图 3.8(a)所示,其他三种涂层与该涂层表面状态类似。从图中可以看出,涂层在该种热循环工况下无起泡、开裂和剥落等现象发生,部分试样表面发黑是由于氧乙炔焰不充分燃烧产生的炭黑附着而形成的。

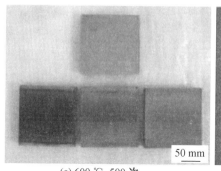

(a) 600 ℃,500 次	(b) 1 000 ℃,5 次

图 3.8　涂层 B 的表面状态观察

对涂层 B 进行不低于 1 000 ℃热冲击试验。将制备好的涂层 B 试样安装在测试台架上,背面紧贴连通循环冷却水管的空心紫铜板。通冷却水,用氧乙炔焊炬加热涂层,用红外测温仪测量近涂层表面环境温度。调节氧炔比、流量和喷距等参数,待热传导达到稳态后,使近涂层表面环境温度不低于 1 000 ℃。保持喷距不变,使焊炬做往复移动,使试样表面处于加热-冷却-加热的循环状态,实现热冲击工况。调节焊炬的移动速率,使试样受火焰连续加热的时间不短于 5 s。火焰自试样表面移开的时间,应使试样(在背面紫铜板的冷却作用下)表面温度降至 30 ℃。涂层 B 经过热冲击后的表面状态如图 3.8(b)所示,

从图中可以看出,涂层 B 试样在 1 000 ℃热循环工况下无起泡、剥落和开裂等
现象发生,表明该涂层抗热冲击性能优良。

3.1.6　耐高温性能对比分析

涂层内产生的冲击热应力与冲击温度有关,由起始时刻的稳态热应力向瞬
态热应力转变。复合涂层由于实现了物性的连续变化,在冲击过程中产生的应
力值较小。

四种涂层按照加热步骤处理后,空冷至少 1 h,检查涂层表面是否有损伤。
如 2 个试样均通过加热测试,则分别进行 24 h 的盐雾试验。盐雾试验结束后,
检查试样有无腐蚀迹象,每种试验结果任取一个试样,如图 3.9 所示。试验结
果表明,四种涂层的耐高温性能差别较大。涂层 A 和涂层 B 试样对于高温环
境具有良好的耐受性,而且在经受高温处理后,再进行 24 h 盐雾试验,仍然未
产生任何可见损伤,因此,涂层 A 和涂层 B 高温耐受性能良好;相反,涂层 C 和
涂层 D 结合强度不高,在高温下,Zn 涂层与打底层和面层间的结合强度低于高温
产生的热应力,导致剥离,说明中间 Zn 涂层存在不利于提高涂层的耐高温性能。
升高温度对涂层结合强度影响显著,随着温度的升高,涂层与基体结合强度减弱。

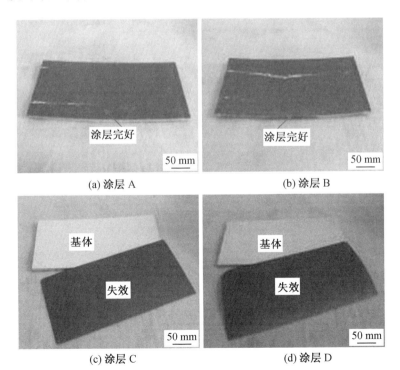

(a) 涂层 A　　　　　　　　　　　(b) 涂层 B

(c) 涂层 C　　　　　　　　　　　(d) 涂层 D

图 3.9　四种涂层高温处理后表面状态

3.1.7 耐腐蚀性能对比分析

按照耐腐蚀性能测试方法,检测 A、B、C 和 D 四种涂层的耐腐蚀性能。在试片中制备 2 个冲击点,冲击点距离底边 25 mm,距离侧边 40 mm。按照 ASTM B117 标准,进行中性盐雾腐蚀试验,试验时间为 1 000 h。达到设定时间后取出观察冲击点周边,判定其耐腐蚀性。由于涂层 A 和涂层 B 表面状态相似,涂层 C 和涂层 D 表面状态相似,因此选择涂层 B 和涂层 D 来观察耐腐蚀后的特征,结果如图 3.10 所示。从图中可以看出,经过腐蚀处理后,涂层 B 表现出良好的耐腐蚀性,涂层大部分表面无蚀点、无涂层起泡和剥落;而涂层 D 表面有白色腐蚀产物形成。

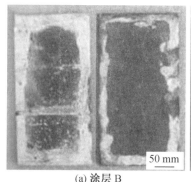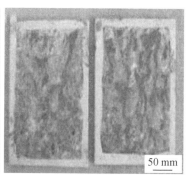

(a) 涂层 B   (b) 涂层 D

图 3.10　经腐蚀处理后的不同涂层的表面状态

封边处锈迹为基底边角腐蚀液污染所致。此外,经过触碰处理,发现涂层难以去除,涂层 A 和涂层 B 都无涂层剥落,整个涂层表面距离冲击点 9 mm 外区域都无腐蚀和涂层失效现象。涂层 C 和涂层 D 表面有白色腐蚀产物,其实际产生于中间 Zn 涂层,即中间层腐蚀后产物沿着涂层通孔挤出后外延扩散至整个涂层表面。同时,随着中间层腐蚀产物增加,逐渐难以溢出,后期导致中间层隆起形成泡状表面。最终导致表面涂层开裂甚至剥落,从而失去腐蚀防护作用。

综上所述,涂层 A 和涂层 B 经过封孔处理后表现出良好的耐腐蚀性,可以满足耐腐蚀性能要求,涂层 C 和涂层 D 容易产生起泡开裂,耐腐蚀性不能得到保证。

涂层化学试剂浸泡试验主要是模拟涂层工况环境,检验涂层对工况环境中可能接触到的各种试剂的耐受性。针对 A、B、C 和 D 四种涂层,采用八种化学试剂或物质进行浸泡试验,观察浸泡后的涂层状态,确认其有无软化、变色和剥落等现象。本试验采用的各种试剂(如各种油或脂)是针对树脂基涂层而设定的,因此可能出现软化和变色等现象。由于研究的是金属涂层,研究结果中软化和变色现象不具有明显意义,金属涂层经过浸泡后是否出现剥落或蚀点更有工程意义(如模拟海水的浸泡试验)。

　　参考 MIL-PRF-24667C(SH)标准,浸泡在 JP-5 喷射燃料、乙醇和防冰除霜液的试样取出后,应放置 6 h 再进行测试,其他条件的试样在浸泡结束后立即进行测试分析。用刃宽为 25 mm 的凿子触碰涂层,并与未经浸泡的相同涂层对比。按照水基灭火泡沫 MIL-F-24385 试验测试标准,配制 1% 水基灭火泡沫的模拟海水溶液;按照清洁剂 MIL-D-16791 试验测试标准,配制 0.5% 清洁剂模拟海水溶液;按照 DOD-G-24508 油脂试验测试标准;按照 27 CFR21.35 乙醇试验测试标准;按照 SAE AMS1424 防冰除霜液试验测试标准;按照 MIL-PRF-23699 涡轮机润滑油试验测试标准;按照 MIL-PRF-83282 液压油试验测试标准;按照 MIL-DTL-5624JP-5 喷射燃油试验测试标准。使用这八种溶液对未触碰和触碰的涂层(A、B、C、D 四种涂层)分别进行浸泡处理,浸泡处理后的涂层取出后使用海水进行清洗,对未触碰的涂层再进行触碰处理。分别观察浸泡后的涂层在清洗前和清洗后的表面,特别是触碰经过冲击后的坑点,检验其是否出现涂层剥落或存在蚀点。由于 A、B、C 和 D 四种涂层经八种溶液浸泡并触碰处理后的表面状态比较类似,因此只选择一种具有代表性的涂层表面状态进行观察和分析,即 0.5% 清洁剂模拟海水溶液。

　　图 3.11 所示为 A、B、C 和 D 四种涂层经 0.5% 清洁剂模拟海水溶液浸泡处理,取出清洗经触碰后的表面状态。从图中可以看出,经 0.5% 清洁剂模拟海水溶液浸泡后并触碰处理,四种涂层表面完好,未出现起皮、鼓包和剥落现象。四种涂层经过先触碰后浸泡及先浸泡后触碰都未见任何失效和损坏迹象,触碰点完好,表明四种涂层对于该种化学溶液具有良好的耐受性。

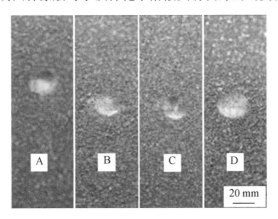

图 3.11　四种涂层经 0.5% 清洁剂模拟海水溶液浸泡后的表面状态(彩图见附录)

3.1.8　盐雾腐蚀对比分析

参照 NTIS 报告,结合模拟工况需要和现有条件,将热冲击、海水浸泡、酸性盐雾腐蚀、模拟燃油污染和清洗等内容结合进行循环试验。偏流板的盐雾腐蚀试验综合了热冲击(每次进行 500 次循环)、盐雾腐蚀以及八种溶液中的部分溶液浸泡清洗等内容,其试验目的在于模拟海洋气候下的实际工况,综合检测涂层的实际耐受性能。针对四种涂层的试验结果如图 3.12 所示。

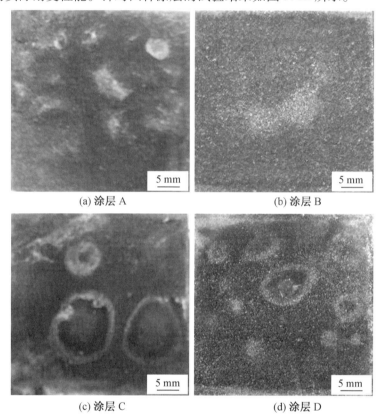

(a) 涂层 A　　　　　　　　　　(b) 涂层 B

(c) 涂层 C　　　　　　　　　　(d) 涂层 D

图 3.12　四种涂层模拟工况盐雾腐蚀试验循环结果(彩图见附录)

由图 3.12 四种涂层模拟工况盐雾腐蚀试验结果得出,其中涂层 A 为第 9 次模拟循环表面状态;涂层 B 为第 10 次模拟循环表面状态;涂层 C 为第 6 次模拟循环表面状态;涂层 D 为第 8 次模拟循环表面状态。涂层 A 在前 8 次模拟循环,涂层表面没有发生明显变化,共计 4 500 次热冲击,但在第 9 次模拟循环后出现鼓包;涂层 B 经受住 10 次模拟循环,共计 5 000 次热冲击;涂层 C 和涂层 D 分别在 5 次(2 500 次热冲击)和 7 次(3 500 次热冲击)循环后出现鼓包。可见涂层 B 的抗盐雾腐蚀性能最佳。

盐雾腐蚀试验测试中每次循环采用的是 500 次热冲击作用,相对而言条件过于苛刻,如果采用较少次数的热冲击,可以明显提升四种涂层结构对于模拟工况的耐受性。

对 A、B、C 和 D 四种涂层的结合强度、硬度、耐冲击性能、耐冲蚀性能、耐高温冲击性能、耐高温性能、耐腐蚀性能、八种化学溶液耐受性和盐雾腐蚀等性能进行分析,涂层 B(Ni-5% Al/Ni-20% Al)各项性能最优。与 Ni-Al 双层结构涂层相比,Ni-Al 中间含有 Zn 的“三明治”结构涂层结合强度和耐腐蚀性能较差,因此 Ni-5% Al/Ni-20% Al 双层结构涂层适合作为制备偏流板表面涂层的首选涂层材料。

3.2　Ni-Al 涂层结构及粗糙度

3.2.1　Ni-Al 涂层显微结构

在大量试验的基础上,采用 Ni-5% Al 合金丝材作为打底层,Ni-20% Al 复合丝材作为面层,采用双丝电弧喷涂进行制备复合涂层,系统分析镍铝复合涂层的性能。喷涂过程如图 3.13(a)所示,采用机械手夹持喷枪进行喷涂,采用特定工艺可以获得均匀的涂层。图 3.13(b)所示为喷涂所获得的模拟试件,尺寸为 500 mm×500 mm。喷砂和喷涂工艺参数分别见表 3.2 和表 3.3。涂层显微组织观察利用蔡司光学显微镜进行;利用 X-ray 衍射仪,对制备的 Ni-5% Al 涂层和 Ni-20% Al 涂层进行相组成分析;采用扫描电子显微镜(SEM)观察涂层组织形貌;采用透射电子显微镜(TEM)观察涂层相结构。Ni-Al 涂层试样经线切割取样,透射样品分别从涂层的打底层和面层获取,试验样品精磨到 40 ~ 50 μm 后,采用离子减薄仪,减薄厚度到 10 nm,减薄时间为 3 ~ 5 h。喷涂后的试样采用电火花线切割加工成 10 mm×10 mm 试样,经粗磨、细磨、抛光后,获得金相试样,利用 SEM 观察涂层显微组织和表面形貌。

(a) 喷涂过程　　　　　　　　　　　(b) 喷涂试板

图 3.13　双丝电弧喷涂 Ni-Al 复合涂层过程

表 3.2　喷涂前相关喷砂参数

基材	喷砂载气	喷砂材料	砂粒尺寸/mm	载气压力/MPa	喷砂距离/mm	喷砂角度/(°)	喷砂时间/s
6061-T6	Air	Al_2O_3	0.5	0.4 ~ 0.6	30 ~ 50	90	30

表 3.3　双丝电弧喷涂工艺参数

喷涂材料	喷涂电压/V	喷涂电流/A	丝材直径/mm	空气压力/MPa	喷涂距离/mm	喷枪移动速度/(mm·s⁻¹)	涂层厚度/mm
Ni-5% Al	38	260	$\phi1.6$	0.4	150	300	0.15
Ni-20% Al	36	240	$\phi1.6$	0.4	50	300	0.35

图 3.14 所示为 Ni-Al 涂层的截面形貌和表面形貌。由 3.14(a)可知涂层呈现出多相交错的层状组织结构,涂层和基体界面较平整,与基体结合紧密,无裂纹;由图 3.14(b)可知涂层表面呈现凹凸不平,粗糙度较大。

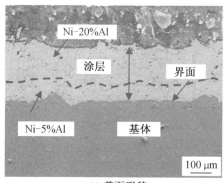
(a) 截面形貌

(b) 表面形貌

图 3.14　Ni-Al 涂层的截面形貌和表面形貌

图 3.15(a)所示为 Ni-5% Al 涂层的 X 射线衍射结果。从图中可以看出, Ni-5% Al 涂层中的主相为 Ni 固溶体,还包括部分 NiO、Al_2O_3 和 Ni_3Al_4,这是因为镍铝合金丝中 Al 质量分数为 5% 左右,其组成相为单一的 Ni 固溶体。

双丝电弧喷涂时,丝材端部在电弧热源作用下,被快速加热至熔化,Ni 固溶体中的部分 Al 将从 Ni 固溶体中析出,同时暴露在空气中,活泼性很强的 Al 和熔融的 Ni 在高温下与空气中的 O 发生氧化反应,生成 Al_2O_3 和 NiO,其反应式如下:

$$4Al+3O_2 \longrightarrow 2Al_2O_3 \tag{3.1}$$

$$2Ni+O_2 \longrightarrow 2NiO \tag{3.2}$$

上述反应放出大量热,使丝材端部熔滴的温度进一步升高,从而喷涂熔滴颗粒在到达基体表面时,热量损失较少,基体和涂层易发生微冶金结合,因此提高了涂层的结合强度。

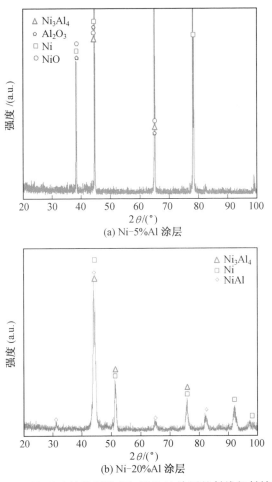

图 3.15　Ni-5% Al 涂层和 Ni-20% Al 涂层的射线衍射结果

图 3.15(b)所示为 Ni-20% Al 涂层的 X 射线衍射结果。从图中可以看出，Ni-20% Al 涂层的主要组成相为 Ni 固溶体、NiAl 和 Ni₃Al₄。镍铝复合丝由于是粉芯结构，将铝粉与镍粉按一定比例混合后放入铝管，喷涂时，丝材的端部在电弧热源作用下，受热温度上升，在某一时刻，镍铝复合丝材中的 Al 与 Ni 发生化合反应，其反应式如下：

$$Ni+Al \longrightarrow NiAl \tag{3.3}$$

$$3Ni+Al \longrightarrow Ni_3Al \tag{3.4}$$

从而在基体表面的涂层中形成了 NiAl 和 Ni₃Al，这种反应放出大量热，是镍铝复合丝材具有自结合性能的主要原因。

图 3.16 所示为 Ni-Al 涂层原始态的 TEM 形貌和电子衍射，原始涂层中存在非晶相。

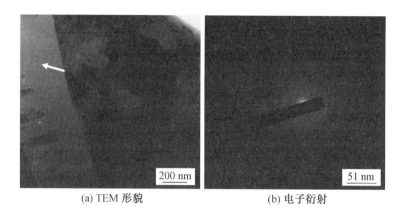

(a) TEM 形貌　　　　　　　　　(b) 电子衍射

图 3.16　Ni-Al 涂层原始态的 TEM 形貌和电子衍射

从图 3.17 可知,涂层中存在等轴晶(2#),电子衍射为 Ni 基体的[011]晶带轴方向。非晶和等轴晶的存在是喷涂颗粒在快速冷却的条件下形成的。双丝电弧喷涂过程中,电极之间产生的液滴经过压缩空气雾化后,暴露在空气中的 Ni-Al 颗粒与 O 发生氧化还原反应,放出一定量的热,但同时Ni-Al颗粒也发生不同程度的氧化,颗粒以熔融或半熔融状态撞击到基体上,形成涂层,在极短的时间里,涂层中的一些相结构来不及发生转变,原始态的结构直接保留在涂层中。

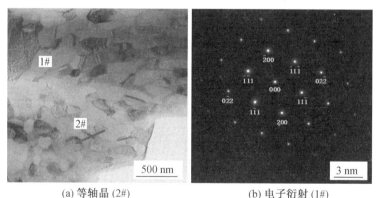

(a) 等轴晶 (2#)　　　　　　　(b) 电子衍射 (1#)

图 3.17　Ni-Al 涂层原始态 TEM 形貌和电子衍射

3.2.2　Ni-Al 涂层表面粗糙度

表面粗糙度是偏流板表面涂层的一项重要指标,采用表 3.4 所示的喷涂工艺参数。本试验中 Ni-Al 复合涂层的打底层为 Ni-5% Al,面层是 Ni-20% Al,喷涂电压为 30 V,喷涂电流为 200 A,共九种不同喷涂工艺参数,面层用 S1 ~ S9 表示。

　　采用激光共聚焦显微镜和扫描电子显微镜观察涂层的表面状态和三维形貌,并测量涂层的表面粗糙度。图 3.18 所示为涂层 S3 的表面形貌和三维形貌,其他涂层与涂层 S3 形貌类似。从图中可以看出,涂层具有表面轻微氧化、不同程度的微裂纹及较大的表面粗糙度等特征。

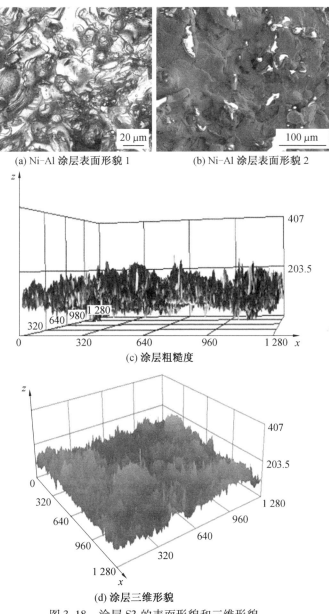

(a) Ni-Al 涂层表面形貌 1　　　　　　(b) Ni-Al 涂层表面形貌 2

(c) 涂层粗糙度

(d) 涂层三维形貌

图 3.18　涂层 S3 的表面形貌和三维形貌

图 3.19 结合表 3.4 可以看出,表面粗糙度平均值为 23.910 μm,S9 涂层的表面粗糙度最高,达到 27.489 μm,S1~S3 喷涂距离为 150 mm,S4~S6 喷涂距离为 100 mm,S7~S9 喷涂距离为 50 mm,随着喷涂距离的减小,表面粗糙度平均值增大。S1~S3 喷涂空气压力分别为 0.4 MPa、0.3 MPa 和 0.2 MPa,S4~S6 和 S7~S9 喷涂空气压力同样条件下,随着喷涂空气压力的减小,表面粗糙度略有增大,但随着喷涂距离的减小,喷涂空气压力影响减弱。

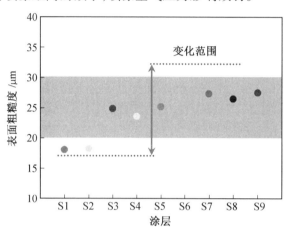

图 3.19　Ni-Al 涂层(S1~S9)表面粗糙度比较

表 3.4　Ni-Al 涂层喷涂工艺参数

层结构	空气压力 /MPa	喷涂距离 /mm	枪速 /(mm·s⁻¹)	喷涂次数	涂层厚度 /mm	表面粗糙度 /μm
Ni-5% Al	0.40	150	500	1	0.15~0.25	—
S1	0.40	150	400	2	0.25~0.35	18.042
S2	0.30	150	400	2	0.25~0.35	18.180
S3	0.20	150	400	2	0.25~0.35	24.845
S4	0.40	100	400	2	0.25~0.35	23.558
S5	0.30	100	400	2	0.25~0.35	24.141
S6	0.20	100	400	2	0.25~0.35	25.185
S7	0.40	50	500	1	0.25~0.35	26.467
S8	0.30	50	500	1	0.25~0.35	27.282
S9	0.20	50	500	1	0.25~0.35	27.489

偏流板表面防滑最主要的性能是表面粗糙度,表面粗糙度越大,表面越粗糙。表面粗糙度的大小对涂层的使用性能有较大影响,过高的表面粗糙度影响涂层的耐磨性和抗腐蚀性,适当的表面粗糙度利于提高涂层的防滑性能。

3.3　Ni-Al 涂层摩擦磨损性能

3.3.1　Ni-Al 涂层静摩擦系数

利用倾角法测量 Ni-Al 涂层在不同磨损阶段干态和湿态静摩擦系数。倾角法是将一定质量 W 的滑块(也可带有橡胶层)放在被测涂层的表面上,当涂层倾斜至某个角度时,滑块便开始滑动(图 3.20)。

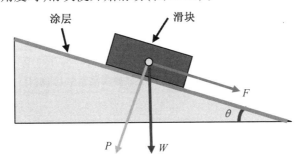

图 3.20　倾角法测量静摩擦系数示意图

通过倾斜角度 θ 计算出 2 个接触面的静摩擦系数:

$$\mu = \frac{F}{P} = \tan\theta \tag{3.5}$$

由式(3.5)可知,在给定条件下,倾斜角度 θ 的正切决定静摩擦系数 μ 的大小。测量时,同一试板横向和竖向各测量 5 次,为了减少测量过程中,由于涂层局部不均匀造成的偏差,测量结果取 10 次数据平均值。试验用滑块的摩擦面为 2 ~ 3 mm 厚度的硫化氯丁橡胶,其邵氏硬度为 55 ~ 60。

使用丙烯酸类树脂对涂层进行封孔,利用倾角法测试涂层的原始态、磨损 50 次循环和磨损 500 次循环三种状态,干态、水润湿态和油润湿态三种条件下的静摩擦系数,如图 3.21 所示。从图中可以看出,封孔工艺对 Ni-Al 涂层静摩擦系数整体性能影响不大。在 500 次循环磨损后,涂层干态静摩擦系数从 0.95 下降至 0.91,下降程度较小。通过封孔前后静摩擦系数的对比,该涂层体现了更优异的摩擦磨损性能。

Ni-Al 涂层经过 25 ~ 500 次循环的干态和湿态静摩擦系数(未封孔)见表 3.5,原始干态静摩擦系数大于原始湿态静摩擦系数。在随后的整个磨损过程中,

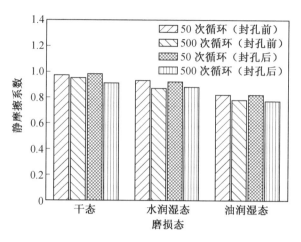

图 3.21　不同循环状态下静摩擦系数比较

Ni-Al涂层的干态静摩擦系数随磨损进行一直单调下降,然后趋于稳定,湿态静摩擦系数变化不大,但在 200 次循环后,湿态静摩擦系数高于干态静摩擦系数。

表 3.5　Ni-Al 涂层干态和湿态静摩擦系数(未封孔)

磨损循环	干态静摩擦系数	湿态静摩擦系数
原始	1.067	1.025
25 次循环	1.013	0.980
50 次循环	0.994	0.975
100 次循环	0.980	0.977
200 次循环	0.967	0.975
300 次循环	0.958	0.973
400 次循环	0.948	0.971
500 次循环	0.946	0.970

　　图 3.22 所示为 Ni-Al 涂层的静摩擦系数随磨损循环次数的变化曲线。从图中可以看出,原始涂层初始静摩擦系数较大,当固体表面不润滑时,表面形貌粗糙不平导致摩擦现象的产生,由于两个表面之间存在分子间吸引力,在凸峰间起"焊-剪-刨"作用,此时表面粗糙度越大,表面凸峰相对对偶件的软质表面犁削作用就会越大,进而使静摩擦系数得到提高。在摩擦初始阶段,静摩擦系数随着循环次数的增多而下降,因此涂层静摩擦系数的曲线表现趋势为缓慢下降;在 100 次循环以后,Ni-Al 涂层的干态静摩擦系数继续下降,最后形成稳态

阶段。摩擦初始阶段,接触峰顶相互发生磨损和塑性变形,引起摩擦副接触表面相互粘贴在一起,摩擦系数随后降低;随着继续增加磨损循环次数,接触面积逐渐增大,磨损率降低,此时静摩擦系数发生缓慢下降的趋势,涂层许多磨损颗粒在这一过程中产生,磨损颗粒作为三体磨损参与其中。在经过塑性变形后的磨屑,这些磨屑硬质颗粒对涂层导致犁沟效应,然后发生断裂,由于 Ni-20% Al涂层硬度较高且耐磨性好,随磨损进行,表面形貌变化非常微小,此时静摩擦系数变化浮动很小,进入一个相对比较平稳的阶段。

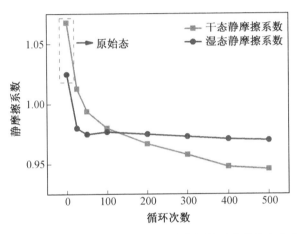

图 3.22　Ni-Al 涂层的静摩擦系数随磨损循环次数的变化曲线

涂层磨损后的湿态静摩擦系数约为 0.97,整个磨损过程中湿态静摩擦系数变化浮动较小。与干态静摩擦系数相比,涂层的湿态静摩擦系数并没有因为水介质的存在而显著降低,反而摩擦系数有所提高,也就是说,水的存在使涂层上的滑动变得更加困难。水的存在会产生两种作用,一种是在涂层上形成水膜,起润滑作用;另一种是滑块上的橡胶在受压后容易挤出与涂层之间的空气,形成负压吸附,增加滑动的困难性。但是水的黏度很小,润滑作用远不及负压吸附作用,因此涂层干态静摩擦系数一般低于湿态静摩擦系数。此外,在湿态时由于负压吸附起主导作用,因此涂层表面的状态对静摩擦系数影响成为次要因素,所以在整个磨损过程中,Ni-20% Al 涂层湿态静摩擦系数的浮动不大,并趋于一致。

3.3.2　Ni-Al 涂层动摩擦系数

利用立式万能试验机测试摩擦系数,参数主要为压力和主轴转速,对这两个参数进行前期试验,结果见表 3.6。

表 3.6　滑动摩擦磨损试验参数

压力/N	主轴转速/(r·min^{-1})	过程特点
130	200	橡胶片严重磨损
100	100	橡胶片严重磨损
80	50	橡胶片磨损,数据不稳定
50	50	橡胶片有一定磨损,数据不稳定
50	20	橡胶片少量磨损,数据稳定
20	20	摩擦副接触量过少,运行不稳定
10	20	摩擦副接触量过少,运行不稳定

从表 3.6 中可以看出,当试验机采用压力过大时会造成橡胶片严重磨损,采集不到合适的力矩数据;当压力过小时,涂层与橡胶片之间接触不牢,造成压力值变动很大,数据有很大波动。摩擦副之间相对转动的速度对试验存在一定影响,当主轴转速过快时,橡胶片磨损严重,采用较低的主轴转速有利于试验平稳运行和数据的采集。最终确定的合适参数是压力为 50 N,主轴转速为 20 r/min。利用之前确定的试验方法和试验参数进行动摩擦系数测试,分别对 Ni-Al 涂层进行 50 次循环磨损后干态条件、水润湿态和油润湿态条件下动摩擦系数测试,每种涂层重复测量 3 次。不同状态下动摩擦系数和静摩擦系数对比如图 3.23 所示,从图中可以看出,在干态滑动摩擦试验条件下,Ni-Al 涂层的动摩擦系数与静摩擦系数均有下降的趋势,涂层静摩擦系数为 0.97,动摩擦系数为 0.91。

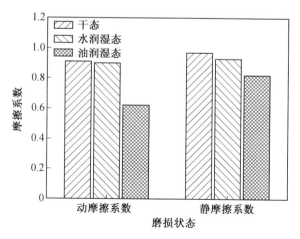

图 3.23　Ni-Al 涂层不同状态下动摩擦系数和静摩擦系数对比

在水润湿态条件下,Ni-Al 涂层的静摩擦系数与动摩擦系数相比变化不大,分别为 0.90 和 0.93;而油润湿态条件下,动摩擦系数出现了下降,分别为 0.82 和 0.62。由此可见,摩擦介质影响动摩擦系数。综合比较,相同摩擦副和摩擦介质条件下,动摩擦系数小于静摩擦系数。

表 3.7 为 Ni-Al 涂层滑动磨损测量结果,磨损计算公式为

$$涂层磨损值(\%) = 100 \times \frac{M_2 - M_3}{M_2 - M_1}$$

磨损最低值为 0.38%,最高值为 1.76%,平均值为 1.03%。磨损平均值小于 10%,因此磨损后的失重很小,整个磨损过程中磨损表面形貌变化不大,主要归因于涂层的相结构。Ni-20% Al 涂层面层含有 NiAl 和 Ni_3Al 金属间化合物,因此具有较高的硬度及较好的耐磨性。

表 3.7　Ni-Al 涂层滑动磨损测量结果

编号	基材质量 M_1/g	50 次循环质量 M_2/g	500 次循环质量 M_3/g	磨损值/%	平均磨损值/%
1#	750.5	864.0	863.5	1.31	
2#	750.5	880.5	880.0	0.38	
3#	750.0	876.0	874.0	0.79	1.03
4#	750.0	881.4	880.2	0.91	
5#	750.0	874.3	873.1	1.76	

3.3.3　Ni-Al 涂层磨损形貌

图 3.24 所示为 Ni-Al 涂层原始形貌和不同阶段的磨损形貌,图 3.24(a) 为涂层的原始形貌,图 3.24(b) ~3.24(h) 为不同阶段的磨损形貌。

(a) 原始形貌　　　　　　　　　　　　　(b) 25 次循环

图 3.24　Ni-Al 涂层原始形貌和不同阶段的磨损形貌

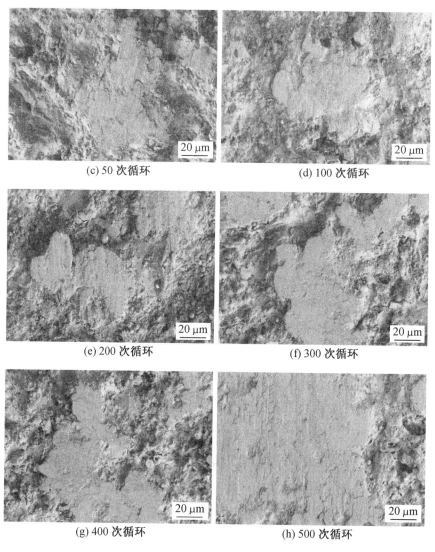

(c) 50 次循环　　　　　　　　　　　(d) 100 次循环

(e) 200 次循环　　　　　　　　　　(f) 300 次循环

(g) 400 次循环　　　　　　　　　　(h) 500 次循环

续图 3.24

　　从磨损形貌中可知,在磨损初期,涂层表现一定程度的黏着磨损;当磨损50 次循环时,涂层的黏着磨损较轻;磨损进行到 100 次循环时,NiAl 涂层依旧表现为黏着磨损,涂层的磨损形貌变化很小;磨损进行到 300 次循环时,NiAl 涂层发生进一步磨损,不过形貌变化不大;磨损进行到 400 次循环时,NiAl 涂层的磨损面进一步增大;磨损进行到 500 次循环后,NiAl 涂层磨损表面形貌依旧没有明显变化。

3.3.4　Ni-Al 涂层磨损机理

摩擦副两表面在发生直接接触时,真正接触发生在相互的微观接触面上。这些微观接触面的总和构成真实的接触面,它的大小仅是摩擦副尺寸所确定几何面积的一小部分。较大的机械应力将在微观接触面范围内形成,切向相对运动使这些应力进一步强化,因此受到负荷作用的粗糙面凸峰发生弹性或弹塑性变形。摩擦副发生相对运动时,表面上的反应层和吸附层会遭到破坏,而此时的破坏可能不发生在原始接触处,但可能发生在摩擦副表面层边缘,使摩擦副上的材料发生转移,转移到另一个摩擦副上,这个过程称为材料过程转移,同时一些松脱磨粒将会产生。

对 Ni-20% Al 涂层和冷轧钢丝这对摩擦副,涂层中含有 NiAl 和 Ni$_3$Al 相,其冷轧钢丝的显微硬度(HV430)高于涂层的显微硬度(HV330),所以发生黏着磨损。一般来说,塑性材料抗黏着磨损能力不如脆性材料。塑性流动是塑性材料形成黏着结点的主要破坏形式,距离表面一定深度处发生;脆性材料损伤深度比较浅,并且磨屑易脱落,不容易堆积在表面上。

由强度理论可知,正应力是引起脆性材料破坏的主要原因,切应力是引起塑性材料破坏的主要原因。磨损过程中,最大正应力是在摩擦副表面处产生,而在距离表面一定深度形成最大的切应力,所以随着塑性增加材料黏着性变得严重。

众所周知,在室温下 NiAl 和 Ni$_3$Al 金属间化合物具有较低的塑性,按脆性材料分析,Ni-Al 涂层磨屑细小,而且磨损量小,不易堆积,所以磨损后期很难形成大颗粒所产生的微观切削。Ni-20% Al 涂层在整个磨损过程中,表现为黏着磨损,磨损形貌变化较小,这一点也体现在它优异的耐磨性上。

3.4　Ni-Al 涂层热处理转变及扩散过程

热处理过程中的相变对涂层/基体的性能有重要影响,固态相变与元素的扩散密不可分,因此研究涂层和基体界面处的元素扩散行为对改善涂层/基体系统的显微组织与性能具有重要意义。本试验采用电弧喷涂技术在 6061-T6 铝合金表面制备 NiAl 复合涂层,通过不同热处理工艺研究温度和时间对涂层显微组织和相结构的影响,讨论涂层/铝合金基体界面反应机理和元素的扩散行为。

由 Ni-Al 二元相图可知, Ni-Al 系包括五种中间相(NiAl$_3$、Ni$_2$Al$_3$、NiAl、Ni$_5$Al$_3$ 和 Ni$_3$Al)和两种固溶体。Ni-Al 系是潜在的性能优异的高温结构材料,受到广泛重视,被国内外学者深入研究;同时,Ni-Al 系不同相及不同成分的同种相间元素的扩散行为也是国内外学者研究的热点,对其中的反应扩散和互扩散进行了广泛的试验研究和理论预测及计算,取得了丰富的研究成果。所有镍基高温合金基体中的元素扩散行为与合金的固溶强化、第二相强化及晶界强化有密切关系,直接影响合金的显微组织与性能,因此研究镍系合金中元素扩散行为对改善合金显微组织与性能具有重要意义。

3.4.1　Ni-Al 涂层热处理转变

1. Ni-Al 涂层的热处理

经双丝电弧喷涂 Ni-Al 涂层试板采用水刀(美国进口 OMAX-MAXIEM 高压水刀,压力为 340 MPa)切成 12 mm×12 mm×5 mm 试样,水刀设备外观和电脑程序控制如图 3.25 所示。

(a) 水刀设备外观　　　　　　　(b) 电脑程序控制

图 3.25　水刀设备外观和电脑程序控制

　　Ni-Al 涂层的热处理是在箱式电阻炉中采用不连续称重的方式对涂层进行氧化试验,电阻炉为 PID 控温加热炉,加热温度为室温至 950 ℃,控温精度为 1 ℃。利用 1×10^{-5} g 感量的电子天平称量试样前后质量变化,原始质量为 3.6 g。与 Ni-5% Al 单层试样一起放入炉内,随炉升温至处理温度,保温一定时间后,将试样取出进行空冷,并对 Ni-Al 复合涂层试样称重。热处理温度和保温时间见表3.8。

表 3.8　热处理温度和保温时间

涂层	温度/℃	时间/h
Ni-5% Al 单层	400	4/12/24/36/48
	480	4/12/24/36/48
	550	4/12/24/36/48
Ni-Al 复合涂层 (面层 Ni-20% Al)	400	4/12/24/36/48
	480	4/12/24/36/48
	550	4/12/24/36/48

2. 涂层热处理后的显微组织

图 3.26 和图 3.27 所示为 Ni-Al 涂层表面原始形貌和热处理后的表面形貌,从涂层原始形貌可以看出(图 3.26(a)),涂层表面比较粗糙,凹凸不平,表面形状类似河流花样,并含有较少的独立氧化颗粒。

(a) 原始形貌　　　　　　　　　　(b) 400 ℃/48 h

图 3.26　Ni-Al 涂层表面原始形貌和热处理后的表面形貌 1

(a) 480 ℃/48 h　　　　　　　　　(b) 550 ℃/48 h

图 3.27　Ni-Al 涂层表面原始形貌和热处理后的表面形貌 2

结合涂层表面形貌可知,涂层表面发生轻微氧化。热处理后,表面形貌变化不大,还含有极少的孔隙,因此该涂层具有很高的防滑能力。

图 3.28 所示为 Ni-Al 涂层在不同热处理条件下的界面形貌。由图可知,与原始涂层相比,400 ℃进行热处理后涂层形貌没有发生明显变化,涂层/基体界面处结合良好,界面处部分区域发生轻微的扩散现象。

在温度升高到 480 ℃时,界面扩散层的厚度显著增加,同时在扩散层内出现了两相区,界面无恶化现象。当温度升温到 550 ℃时,扩散层趋于连续,依然由两相区构成,并且厚度进一步增加,界面无明显恶化现象,此时涂层内黑色的条状成分增多,说明涂层的氧化加重。由此可知,保温时间为 4 h 时,随温度的升高,扩散层由单相区变为两相区,且厚度不断增加,并伴随涂层内轻微氧化。

400 ℃进行热处理时,随保温时间的延长,涂层组织无明显变化,界面扩散层不断向涂层一侧生长,厚度增加,热处理24 h后(图3.28(b)),在扩散层内靠近涂层一侧出现一层外扩散层;当保温时间为48 h时,扩散层继续增厚,只是靠近涂层一侧的相加明显。热处理温度升高到480 ℃,保温4 h后,扩散层内的两相厚度均有所增加;保温24 h,扩散层中靠近涂层一侧的相比例增大,涂层/基体界面开始出现恶化,继续延长保温时间到48 h(图3.28(c)),扩散层进一步生长,扩散层内已经出现纵贯的裂纹,界面恶化加重。550 ℃进行热处理时,除扩散更加明显外,涂层内的氧化随时间延长而加重;观察发现550 ℃保温4 h后扩散层内存在两相,之后保温24 h,扩散层中两相均继续生长,此时界面结合处出现明显劣化;热处理进行48 h后,扩散层内相组成已经均一化,但由于贯穿扩散层裂纹使界面严重恶化,以致部分试样的涂层直接脱落。

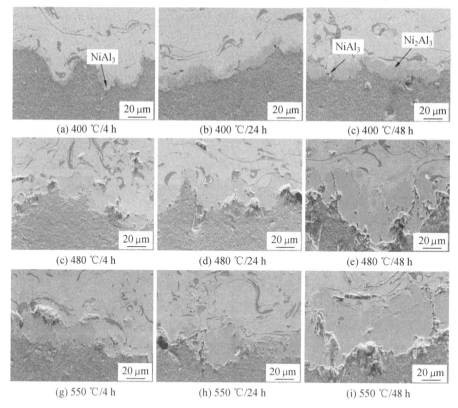

(a) 400 ℃/4 h　　　　　(b) 400 ℃/24 h　　　　　(c) 400 ℃/48 h

(c) 480 ℃/4 h　　　　　(d) 480 ℃/24 h　　　　　(e) 480 ℃/48 h

(g) 550 ℃/4 h　　　　　(h) 550 ℃/24 h　　　　　(i) 550 ℃/48 h

图3.28　Ni—Al涂层在不同热处理条件下的界面形貌

3. 热处理对涂层相组成的影响

为了研究热处理前后涂层内相组成的变化,选取原始涂层和热处理后三个温区(400 ℃、480 ℃和550 ℃)的涂层表面进行XRD分析。

图 3.29(a)所示为 Ni-5% Al 涂层和热处理后的 XRD 衍射。从图中可以看出，在保温时间相同的条件下，Ni-5% Al 涂层在三个温区的热处理图谱的峰位基本没有变化，与原始涂层一致，说明涂层的相组成基本没有发生变化，涂层中的主相依然是 Ni 固溶体，此外还包括部分 Al₂O₃ 和 NiO。

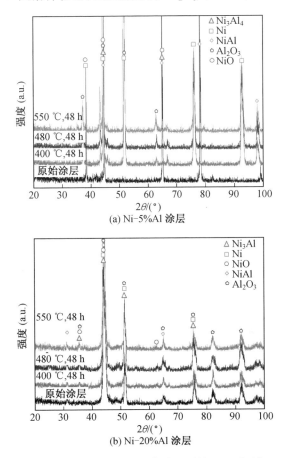

图 3.29　Ni-Al 原始涂层和热处理后的 XRD 衍射

热处理过程中，随着处理温度的升高，涂层中 Ni 相衍射峰的强度逐渐降低，而 NiO 相衍射峰的强度逐渐增强，表明 Ni 相的含量逐步减少，而 NiO 相的含量增加。主要是因为热处理是在大气环境中进行，因此涂层中的金属相不可避免地发生氧化反应，所以涂层中含量较高的 Ni 被氧化生成 NiO，并且随温度的升高，反应速率增大，NiO 逐渐增多。此外，由于涂层本身含 Al 量很低，Al 主要以两种形式存在。一种是固溶于 Ni 中，形成 γ 相；另一种是以喷涂过程中生成的 Al₂O₃，所以热处理对 Al 的影响不大。因此在热处理后的涂层观察主要以 Ni 的氧化为主。

图 3.29(b)所示为 Ni-20% Al 涂层和热处理后的 XRD 衍射。从图中可以看出,Ni-20% Al 原始涂层主要由 Ni 固溶体、NiAl 和 Ni$_3$Al 组成;400 ℃保温 48 h后的 Ni-20% Al 涂层中除 Ni 固溶体、NiAl 和 Ni$_3$Al 之外,出现了新的特征峰,经分析确定新相分别为 NiO 和 Al$_2$O$_3$,需要说明的是,这里检测两种不同结构的 Al$_2$O$_3$,480 ℃和 550 ℃保温 48 h 后,涂层中出现的新相与 400 ℃热处理所得的新相一致,但各相衍射峰强度均有不同程度的变化。

热处理过程中,随着处理温度的升高,两种不同结构的 Al$_2$O$_3$ 相的衍射峰强度表现出此消彼长的趋势,说明它们之间可能发生了转变;Ni 相的衍射峰逐渐变得清晰,NiO 的衍射峰同样表现得更加明晰。此外,涂层中本来存在的 NiAl 和 Ni$_3$Al 两相的衍射峰强度随温度的升高均明显降低,这是由于原始涂层含有 NiAl 和 Ni$_3$Al 两种金属间化合物,在大气环境进行热处理时,涂层发生氧化。

由 Ni-Al 二元相图可知,NiAl 和 Ni$_3$Al 中 Al 的质量分数均大于 10%,根据相关研究,此时 Al 会发生选择性氧化,生成 Al$_2$O$_3$;由于部分 Al 析出氧化生成 Al$_2$O$_3$,使 NiAl 和 Ni$_3$Al 相失去 Al 退化为 Ni 固溶体相;随着氧化的进行,在出现 Al 贫化的区域,会生成 NiO。但一方面由于 Al 的优先氧化,另一方面,由于金属间化合物结构复杂,O 在其中的扩散速度小于在普通合金中的扩散速度,所以此时生成的 NiO 很少。因此在 400 ℃热处理时,由于温度较低,元素的扩散系数和活度都较小,导致氧化产物较少;而当温度升高时,Ni 和 NiO 的含量都有所增加;Al$_2$O$_3$ 含量增加的同时伴随两种晶型之间的转变。

Ni-Al 涂层经热处理后,线切割取下涂层薄片,在粗磨时分别保留涂层的打底层和面层,使用胶水粘到平整的镶样表面,精磨到 100 μm 左右时,利用丙酮浸泡涂层试样,然后使用橡皮压住薄片双面精磨,直到 50 μm 左右时,采用离子减薄的方法获得最终透射样品。图 3.30 ~ 图 3.34 所示为 Ni-Al 涂层热处理后的 TEM 形貌和电子衍射图谱。

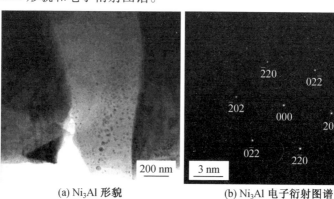

(a) Ni$_3$Al 形貌　　　　　　　(b) Ni$_3$Al 电子衍射图谱

图 3.30　Ni-Al 涂层热处理后的 TEM 形貌和电子衍射图谱 1

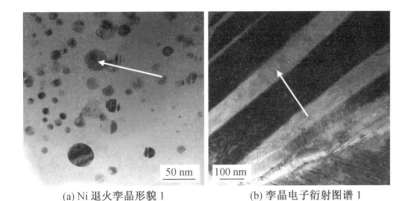

(a) Ni 退火孪晶形貌 1　　　　　(b) 孪晶电子衍射图谱 1

图 3.31　Ni–Al 涂层热处理后的 TEM 形貌和电子衍射图谱 2

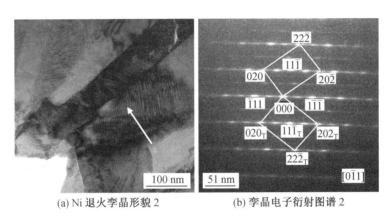

(a) Ni 退火孪晶形貌 2　　　　　(b) 孪晶电子衍射图谱 2

图 3.32　Ni–Al 涂层热处理后的 TEM 形貌和电子衍射图谱 3

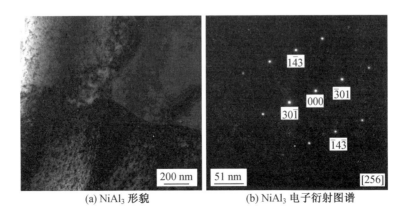

(a) NiAl₃ 形貌　　　　　(b) NiAl₃ 电子衍射图谱

图 3.33　Ni–Al 涂层热处理后的 TEM 形貌和电子衍射图谱 4

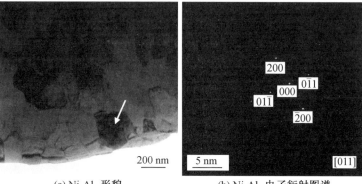

(a) Ni₂Al₃ 形貌　　　　　　　　(b) Ni₂Al₃ 电子衍射图谱

图 3.34　Ni-Al 涂层热处理后的 TEM 形貌和电子衍射图谱 5

从 Ni-Al 涂层热处理后的 TEM 分析可知(图 3.30),在涂层热处理(550 ℃,48 h)后,涂层打底层(Ni-5% Al)的 Ni 基体析出弥散的球形 Ni₃Al 相(图 3.30(a)),图 3.30(b)选区电子衍射显示为 Ni₃Al 的[111]晶带轴取向。

图 3.31 和图 3.32 所示为热处理后涂层打底层中形成的 Ni 退火孪晶形貌和孪晶选区电子衍射,晶带轴为$[01\bar{1}]$,孪晶轴为$[\bar{1}11]$,孪晶面为(111)。从图 3.33 可知,热处理(550 ℃, 36 h)的涂层中存在 NiAl₃ 相,以及在热处理(550 ℃, 48 h)的涂层(图 3.34)中存在 Ni₂Al₃ 相。经过电子探针能谱分析,涂层主要由 Ni、Al 和 O 等元素构成。

由图 3.33 和图 3.34 可知,Ni-Al 涂层经 550 ℃/48 h 热处理后,涂层中的 Ni 和 Al 生成 NiAl₃ 相,Ni 和 NiAl₃ 生成 Ni₂Al₃ 相,这与涂层与基体界面元素扩散顺序一致。打底层 Ni-5% Al 中的面心立方结构的 Ni 固溶体内部形成细长片状的退火孪晶。涂层表现出较高的拉伸强度和良好的塑性,这归因于孪晶可以细化晶粒,起到一定的强化作用。

3.4.2　热处理 Ni-Al 涂层的界面元素扩散行为

以 48 h 热处理为例来研究 Ni-Al 涂层热处理后元素的扩散行为。图 3.35、图 3.36 和图 3.37 分别为保温 400 ℃、480 ℃ 和 550 ℃ 后涂层界面形貌和线扫描结果。

对 Ni-Al 涂层进行热处理时,由于基体为铝合金,而涂层中 Ni 含量很高,Al 含量较低,所以在条件适当时,会在化学势浓度的驱动下发生 Ni 原子和 Al 原子的扩散。通过对扩散界面 Ni、Al 和 O 三种元素线扫描发现,界面反应物主要由涂层和基体元素的反应扩散形成,Ni 元素主要均匀分布在涂层和扩散层中,并未明显向基体方向扩散,Al 元素则明显呈现出由基体向涂层方向的扩散

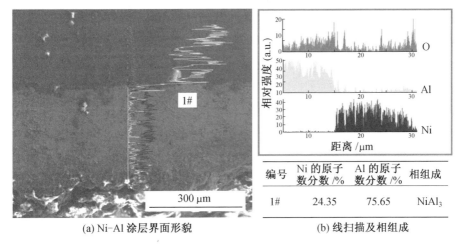

(a) Ni-Al 涂层界面形貌

(b) 线扫描及相组成

编号	Ni 的原子数分数 /%	Al 的原子数分数 /%	相组成
1#	24.35	75.65	NiAl₃

图 3.35　400 ℃、48 h 热处理后涂层界面形貌和线扫描结果(彩图见附录)

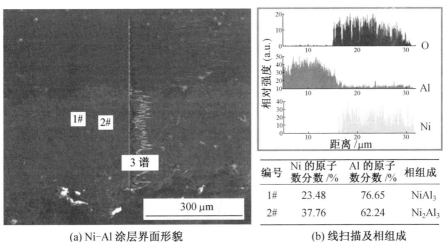

(a) Ni-Al 涂层界面形貌

(b) 线扫描及相组成

编号	Ni 的原子数分数 /%	Al 的原子数分数 /%	相组成
1#	23.48	76.65	NiAl₃
2#	37.76	62.24	Ni₂Al₃

图 3.36　480 ℃、48 h 热处理后涂层界面形貌和线扫描结果(彩图见附录)

行为。由上述分析可知,Ni-Al 涂层热处理后的界面产物是由扩散产生的,而且这一过程是由 Al 原子的扩散控制。

热处理过程中,在化学势浓度的驱动下,Al 元素发生由基体向涂层的扩散,并与涂层中的 Ni 原子反应生成 Ni-Al 系金属间化合物。保温 48 h 后,可认为体系进入稳态阶段,Al 含量的台阶式变化则对应扩散过程中形成的不同 Ni-Al 系单一成分的中间相。400 ℃热处理时,由于温度较低,Al 元素扩散深度相对最短,此时界面附近的 Al 含量较高,然后逐渐降低,出现 Al 含量的平台;480 ℃热处理时,界面附近的 Al 扩散最剧烈,同时扩散深度明显增加;温度升高到 550 ℃时,扩散层中 Al 含量的台阶式变化消失,其分布趋于均匀,扩散深

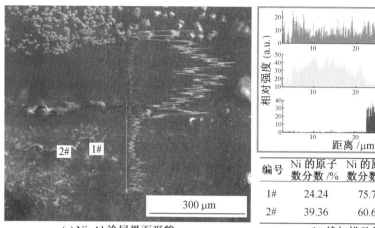

	(a) Ni-Al 涂层界面形貌	(b) 线扫描及相组成

编号	Ni 的原子数分数 /%	Ni 的原子数分数 /%	相组成
1#	24.24	75.76	$NiAl_3$
2#	39.36	60.64	Ni_2Al_3

图 3.37　550 ℃、48 h 热处理后涂层界面形貌和线扫描结果(彩图见附录)

度几乎没有变化。结合涂层热处理形貌分析,主要是由于 550 ℃ 热处理 48 h 后涂层严重失效,与基体之间出现裂纹,使 Al 的供应断绝,所以随处理时间的延长,仅仅以现有扩散区内 Al 的均匀化为主。由图 3.38 可以直观地看到 550 ℃ 涂层/基体的失效状态。

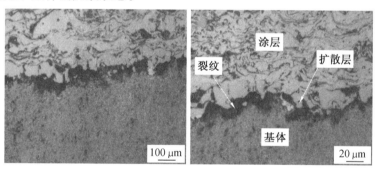

图 3.38　Ni-Al 涂层 550 ℃保温 48h 界面形貌

　　Ni-Al 涂层的扩散层中新相的生成以及中间相的形成次序需要综合传热学和扩散动力学两方面的因素。由动力学的浓度驱动原理可知,涂层界面处组元元素的扩散系数决定了原子扩散通量之比。固态下 Al 元素的扩散系数为 1.71×10^{-15} m^2/s,而 Ni 元素的扩散系数为 0.85×10^{-15} m^2/s,二者相差约两倍,所以 Al 元素发生优先扩散。从传热学角度出发,合金的形成热和扩散偶中新相生成存在重要联系,因此可以用二元化合物形成热模型(也称二元合金热力学模型)计算化合物的形成热。

　　1973 年 Miedema 等建立了一个半经验的 Miedema 理论模型,他们将纯金属理论的元胞模型在二元合金中进一步推广,认为元胞在合金中的概念仍然有效,在这个模型中,A,B 作为人们假设的两种金属,并且形成的金属间化合物 AB 是有序的,元胞作为二元合金 AB 的基本组成单元,金属到合金的转变效应假设是由边界条件所引起。影响边界条件的因素有两个,一个因素是元胞边界上不相等的电子密度,另一个因素是假设相等的电子化学势对形成能量没有帮助。Miedema 理论模型的基本物理参数有电子密度 n_s、电负性 φ 和摩尔体积 V 等,该模型预测生成焓的偏差通常小于 10 kJ/mol,证明试验值和计算值具有较好的一致性。

二元合金体系 Miedema 理论模型为

$$\Delta H = \frac{2P x_A V_A^{2/3} f_B^A \left[\left(\dfrac{q}{p}\right)(\Delta n_{WS}^{1/3})^2 - \Delta\varphi^2 - \dfrac{\alpha\gamma}{p}\right]}{(n_{WS}^{1/3})_A^{-1} + (n_{WS}^{1/3})_B^{-1}} \tag{3.6}$$

对无序合金:

$$f_B^A = C_B^S \tag{3.7}$$

对有序合金:

$$f_B^A = C_B^S \left[1 + 8 \left(C_A^S C_B^S\right)^2\right] \tag{3.8}$$

其中

$$C_A^S = \frac{x_A V_A^{2/3}}{x_A V_A^{2/3} + x_B V_B^{2/3}} \tag{3.9}$$

$$C_B^S = \frac{x_B V_B^{2/3}}{x_A V_A^{2/3} + x_B V_B^{2/3}} \tag{3.10}$$

式中,$\Delta\varphi$ 为 A、B 组元的电负性差;Δn_{WS} 为 A、B 组元的电子密度差;V 为 A、B 组元的摩尔体积;x 为 A、B 组元的摩尔分数;ΔH 为形成热;γ、p、q、α 均为经验常数。

根据 Miedema 理论模型公式,经过计算得 Ni-Al 金属间化合物的形成热,见表 3.9。

表 3.9　Ni-Al 金属间化合物的形成热

合金体系	相	相序	形成热/(kJ·mol^{-1})
Ni-Al 系	NiAl$_3$	有序	-27.18
	Ni$_2$Al$_3$	有序	-41.09

在固态反应过程中,化合物相生长界面参加反应的原子浓度不是由元素绝对浓度决定的。固态反应实际浓度是由几个因素影响的,包括合金系最低液相温度的成分、最低共晶点的成分以及多种原子的迁移能力和扩散势垒等因素。在固态反应过程中,二元合金系生成的化合物不具有绝对值最大标准形成热。

为了准确地预测形成次序,Pretorius 等将界面上反应物浓度与形成热统一,提出有效形成热的概念:

$$\Delta H' = \Delta H^{\circ}\left(\frac{C'}{C}\right) \tag{3.11}$$

式中,C 为限制元素的浓度;C' 为有效浓度;$\Delta H'$ 为化合物有效形成热;ΔH° 为化合物标准生成热。

限制元素是指如果在化合物的反应中,原子被全部消耗的元素,限制元素的有效浓度通常是二元相图里最低温度共晶点的成分。

根据 Ni-Al 二元相图,有效浓度均选定为最低温度共晶点的成分(5%)。对于 $NiAl_3$($Ni_{0.25}Al_{0.75}$),由于 Ni 元素在界面处是短缺的,因此将 Ni 作为限制元素,有效浓度为 0.05,$NiAl_3$ 标准形成热与 0.05/0.25 比值的乘积即是有效形成热(表 3.10)。

表 3.10　Ni-Al 系金属间化合物标准形成热及有效形成热

合金系	相	限制元素在化合物中的浓度	标准形成热 /($kJ \cdot mol^{-1}$)	限制元素的有效浓度	有效形成热 /($kJ \cdot mol^{-1}$)
Ni-Al 系	$NiAl_3$	$Ni_{0.25}Al_{0.75}$	−27.18	$Ni_{0.05}Al_{0.95}$	−5.436
	Ni_2Al_3	$Ni_{0.4}Al_{0.6}$	−41.09	$Ni_{0.05}Al_{0.95}$	−5.136

由表 3.10 可知,在 Ni-Al 系合金中,$NiAl_3$ 相的标准形成热比 Ni_2Al_3 相的标准形成热大,因此从传热学角度讲,$NiAl_3$ 相更容易形成,故可认为界面首先发生如下反应:

$$Ni + 3Al \longrightarrow NiAl_3 \tag{3.12}$$

而当 $NiAl_3$ 相生长到一定厚度时,如果进一步延长反应时间或提高反应温度时,Ni 原子进入 $NiAl_3$ 相,并通过下列反应形成 Ni_2Al_3 相:

$$Ni + NiAl_3 \longrightarrow Ni_2Al_3 \tag{3.13}$$

因此,涂层经过热处理后,界面处首先形成 $NiAl_3$ 相,然后出现 Ni_2Al_3 相。$NiAl_3$ 相进一步生长需要大量 Ni 原子穿过 Ni_2Al_3 相进入 $Ni_2Al_3/NiAl_3$ 相界面,该界面主要以 Al 元素的扩散为主,Ni 元素并未出现明显扩散,这导致 $NiAl_3$ 相生长所需的 Ni 原子缺乏,扩散层中 $NiAl_3$ 相层的厚度小于 Ni_2Al_3 相层,因此中间相的形成次序与 Gupta 和 Jain 等研究结果一致。

如果 Ni-20% Al 涂层作为打底层,热处理后,由于 Ni-20% Al 原始涂层含有 NiAl 和 Ni_3Al 相,且金属间化合物的室温脆性导致元素来不及发生充分扩散,涂层已经开始与基体剥离,所以以界面处的扩散现象不明显,说明 Ni-5% Al 涂层比 Ni-20% Al 涂层更适合作为涂层的打底层。

　　在热处理时,涂层中的近界面区受界面处 Al 元素扩散的影响,组织开始发生变化,反应机理为

$$NiAl + 2Al \longrightarrow NiAl_3 \tag{3.14}$$

$$Ni_3Al + 8Al \longrightarrow 3NiAl_3 \tag{3.15}$$

　　随固态反应的继续,NiAl 和 Ni$_3$Al 两相不断溶解,在 Al 基体和涂层(NiAl 和 Ni$_3$Al)之间生成 NiAl$_3$ 相(从 TEM 中可以进一步证明)。如果进一步延长反应时间或提高反应温度时,NiAl$_3$ 相靠近涂层的一侧开始出现 Ni$_2$Al$_3$ 相,这一过程与 Ni-5% Al 涂层一致。但由于 Ni-20% Al 涂层中的近界面区为 Ni-5% Al 涂层,不受界面处 Al 元素扩散的影响,故不予讨论。

第4章　HVOF试验及其工艺参数优化

研究超音速火焰喷涂在结晶器铜板(CrZrCu)上的应用,对于提高连铸结晶器的寿命、提高一次性出钢量、减少修理次数、减少由于结晶器的修理而造成的连铸停机以及提高连铸铸坯质量,都具有重要的现实意义。

本章采用 HVOF 工艺,在 CrZrCu 上喷涂 CoCrMoSi 和 CoNiCrAlY 合金涂层,与电镀 NiCo 镀层进行对比研究。对涂层和镀层的性能进行了测试,并对冷热疲劳失效机理和黏着磨损机制进行分析。以期提高结晶器的使用寿命,提高一次性出钢量,减少修理次数,减少由于结晶器的修理而造成的铸造停机以及提高连铸铸坯质量,为 HVOF 技术在结晶器上的使用奠定基础。本章主要研究介绍 HVOF 热力学及气体动力学理论计算,利用正交试验对 HVOF 在 CrZrCu 上喷涂工艺参数进行优化,分析喷涂参数对涂层质量的影响,设计冷热疲劳试验装置并对镀层和涂层进行试验,对涂/镀层微观组织结构分析,对涂层结合强度、冷热疲劳、耐磨性、显微硬度和密度等进行测试与分析,对涂层疲劳失效机理与磨损机制进行探讨。

4.1　试验材料及方法

本试验中,喷涂材料分别选用 Praxair 公司气雾化法制备的球形粉末:CoNiCrAlY 打底层和 CoCrMoSi 工作层。喷涂基体为 CrZrCu。粉末化学成分分别见表 4.1 和表 4.2。

表 4.1　CoNiCrAlY 粉末化学成分(质量分数)　%

Co	Cr	Al	C	Fe	H	N	Ni	O	P	S	Y
38.2	21.0	8.2	0.01	0.07	0.001	0.0039	31.9	0.021	<0.01	<0.001	0.56

表 4.2　CoCrMoSi 粉末化学成分(质量分数)　%

Co	Cr	C	Fe	Mo	Ni	O	P	S	Si	Bal
49.75	17.65	0.01	0.08	28.7	0.54	0.02	<0.01	<0.001	3.17	0.12

4.1.1　电镀试验

在结晶器铜板(CrZrCu)上镀 Ni—Co 合金时,采用由结晶器铜板与特制的专用框架组成的箱式镀槽,按镀层工艺要求,通过专用装置对镀槽内的液面高度和镀液中钴离子(Co^{2+})的浓度进行自动调控,CrZrCu 上合金镀层的厚度自上而下逐渐变厚,镀层由里到外 Co 元素含量逐渐增大。电镀 NiCo 合金的镀液是在快速电镀 Ni 溶液中,按镀层合金对 Co 含量的要求,定量加入钴盐溶液配制而成。钴盐溶液的加入方式及量的多少是根据镀覆工艺要求,由专门的控制装置完成。

一般情况下,电镀的参数有镀液温度为 60 ℃,电流密度为 4 A/dm^2,阳极采用混挂式,镍阳极和钴阳极的电流密度可分别单独调控。

电镀 NiCo 合金的技术关键是镀液配方、配制和电镀工艺,本节采用的是以硫酸盐为主、同时加入少量氯离子的镀液,电镀在具有空气搅拌的箱式镀槽工位进行。为便于调控 NiCo 合金镀层的合金成分含量,配有 Co 盐槽和 Ni 盐槽,分别控制镀液中 Ni 盐和 Co 盐含量,并采用混挂式阳极(即 Ni 阳极和 Co 阳极分开混挂),同时具有可独立调节的阳极电流密度的供电系统。

4.1.2　HVOF 试验

喷涂设备采用 Praxair 公司生产的 JP5000 型 HVOF 系统,该喷涂系统主要包括喷涂控制系统、送粉系统和 JP5000 喷枪,JP5000(HVOF)系统如图 4.1 所示,JP5000 喷枪如图 4.2 所示。燃料为航空 3 号煤油,助燃剂为氧气。喷涂试样的表面经丙酮清洗、用 24 目的白刚玉砂对表面进行喷砂粗化处理后,实施喷涂。打底层 CoNiCrAlY 涂层厚为 0.15 ~ 0.25 mm。

图 4.1　JP5000(HVOF)系统

HVOF 喷涂主要依靠高速颗粒撞击基材表面,以机械镶嵌形成涂层,任何影响颗粒到达基材速度的因素均会影响涂层的质量。燃烧室压力、燃烧室温度对气相流速的提高具有举足轻重的作用;为了使颗粒在撞击基体瞬间获得尽可能高的速度,喷枪口到基材的距离也会影响涂层的质量;此外,喷砂效果决定工件表面粗糙度,从而影响涂层质量。

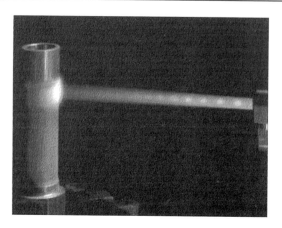

图 4.2　JP5000 喷枪

　　据上所述,选取燃烧室压力、燃烧室温度、喷涂距离及喷砂效果作为影响涂层质量的因素,按照正交试验设计法设计成四因素、三水平正交试验表,按照正交试验表中给定的参数进行分组喷涂试验。获得的涂层进行相关性能检测与分析,以 HVOF 喷涂后 CoCrMoSi 涂层的结合强度作为评价涂层质量的标准。

4.2　检测与分析方法

4.2.1　涂层结合强度和显微硬度试验

1. 涂层结合强度

　　涂层结合强度测试采用黏结拉伸法,按照美国国家标准 ASTM C633-79 在岛津电子拉伸试验机上进行。涂层结合强度拉伸试样简图如图 4.3 所示。

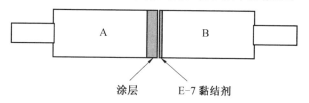

图 4.3　涂层结合强度拉伸试样简图

　　试样 A 与试样 B 采用相同的 CrZrCu 基体,在每个试样的一端加工螺孔,以使其固定在拉伸夹具上。在试样 A 的另一端面喷涂涂层,涂层的厚度大于 0.5 mm。试样 B 喷砂处理后,用上海合成树脂研究所提供的高强度环氧树脂 E-7 黏结剂,将试样 A 的涂层与试样 B 的粗化面黏合,100 ℃固化 3 h 后取出,待室温静置 24 h 后进行拉伸试验。

2. 显微硬度试验

硬度是衡量材料对塑性变形抗力大小的一个指标。本试验采用静态压痕法测量试样的显微硬度,型号为 FM-700 显微硬度仪,载荷为 100 g,加载时间为 30 s,放大倍数为 400,按 GB4342-84 标准进行,压痕数为 5 点,相邻两压痕中心距离至少为压痕对角线平均长度的 2.5 倍。

4.2.2　显微观察与 X 射线衍射

1. 显微观察

将涂层打磨抛光,用 5% 盐酸酒精溶液腐蚀后,在 Axio Imager. A 1m 型 CAR ZEISS 光学显微镜下进行观察,以确定涂层的组织、气孔率以及颗粒的变形等情况。

利用 FEI sirion 型扫描电子显微镜(含能谱)观察涂层以及涂层与基体的界面形貌。因 SEM 景深大于光学显微镜,所以 SEM 观察的样品腐蚀可略深于光学显微镜观察的样品。

2. X 射线衍射

X 射线衍射分析(XRD)试验在 Rigaku D/max-γB 型 X 衍射仪上进行,采用 CuKα 作为衍射的平衡常数,辐射管压为 50 kV,管流为 100 mA,扫描速度为 4°/min。利用携带能谱分析仪(EDX)观察组织形貌和分析微区成份。

4.2.3　冷热疲劳与磨损试验

1. 冷热疲劳

基体 CrZrCu 试样尺寸为 150 mm×17.5 mm×12.5 mm。涂层的冷热疲劳性能测试采用高温试样水淬法完成,具体过程为:将不同的试样分别放在箱式炉中加热到 450 ℃ 和 800 ℃ 并保温 15 min,然后取出在炉外水淬(自来水)进行急冷急热的冷热循环试验,重复进行,循环直至涂层破坏脱落 30% 以上面积为止。涂层剥离后的形貌采用 FEI sirion 扫描电子显微镜观察。

2. 磨损试验

磨损试验是在哈尔滨焊接研究所有限公司自行研制的磨损试验机 NZMS-A 上进行的。磨损试样示意图如图 4.4 所示,上试样是一个圆环,材质为 45#钢,与下试样环面接触,可避免与下试样产生局部摩擦。下试样

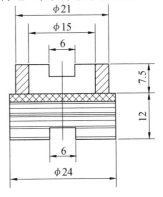

图 4.4　磨损试样示意图(mm)

为圆柱体,材质为 CrZrCu,涂层为 CoMoCrSi,涂层厚度大于 0.5 mm。磨损试验的原理是在一定的压力下,上试样旋转并与下试样对磨,下试样固定不动,经旋转 1 800 转后,测下试样的磨损失质量,以磨损失质量的多少作为判定被测材料的耐磨性好坏的依据,即磨损失质量越小,表明被测材料的耐磨性越好。试样表面压强为4.7 MPa,试验机转速为 60 r/min。

4.3 HVOF 工艺参数优化

评判 HVOF 喷涂系统的标准是它喷涂涂层的质量,决定热喷涂涂层质量的基本原则是:高的燃烧室压力=高的燃流速度=高的颗粒飞行速度=高的涂层质量,因此,有必要对影响涂层质量的喷涂工艺参数进行深入探讨。

4.3.1 HVOF 工艺参数理论计算

超音速火焰喷涂的设计原理与火箭发动机类似,其目的是获得温度相对较低而动能非常高的喷涂燃流。喷枪的基本工作过程由以下几个步骤构成:①可燃燃料,如丙烷、氢气或煤油等,经过特种喷嘴雾化后进入燃烧室并与助燃剂氧气或压缩空气混合;②经点火装置点火后进行均匀、稳定和完全地燃烧;③具有高温高压的燃烧产物通过压缩膨胀喷嘴喷射出去;④经压缩后再膨胀的燃流速度可达到超音速;⑤利用送粉器(一般为惰性气体)将粉末送入燃流中,从而使粉末得到加热和加速;⑥熔化或软化的颗粒以超音速的速度撞击,并铺展与基体表面形成高密度的涂层。

一般情况下,超音速火焰喷枪由三部分组成:①燃料与助燃气体混合并燃烧的燃烧室;②将燃烧产物加速到超音速的拉瓦尔喷管;③使喷涂颗粒得以充分加热加速的等截面长喷管。

在热喷涂过程中,影响涂层质量的两个最重要的因素是喷涂颗粒的飞行速度和温度,高的颗粒飞行速度和适宜的温度使涂层的质量得到很大的提高,而颗粒的飞行速度和温度取决于喷枪的燃烧室压力和温度。

HVOF 燃烧室的工作过程是由一系列燃料的物理-化学过程组成。以煤油作燃料为例,经雾化和破碎的燃油由喷嘴进入燃烧室后,形成尺寸不同的液滴。由于燃烧区的热量,液滴群被加热和蒸发,汽化后的燃料和氧化剂进行混合并燃烧。燃烧放出的大量热量使燃烧产物的温度急剧升高并产生剧烈膨胀,至此燃烧室内形成了具有高温高压的气团。燃烧室的工作是连续不断地生产具有高温高压的气体,为喷涂提供动能和热能。

1. 燃烧室压力

燃烧室压力是超音速喷枪的一个非常重要的技术参数。燃烧室压力对超音速气流的产生、喷枪的出口速度、流动气流的动压和质量流率都有重要影响，它直接决定涂层的质量。

在燃烧为完全燃烧且燃气为组分不变的理想气体的前提下，燃烧室压力 P_0 只决定于燃气的密度 ρ_0 和温度 T_0，其中燃气的密度是由燃烧室的燃烧产物的生成量和排出量之间的关系决定的。

燃气质量流率公式表明，喷枪的质量流率 m 随燃烧室压力 P_0 的升高而增大，但其最大值为 m^*。Δm 为燃烧室内燃气单位时间的增加量，当 $\mathrm{d}p_0/\mathrm{d}t > 0$ 时，$\Delta m > m^*$；当 $\mathrm{d}p_0/\mathrm{d}t = 0$ 时，则 $\Delta m = m^*$，即燃烧室的压力达到动态平衡状态，这时的燃烧室压力称为平衡压力 P_0。根据燃气质量流率公式，则有

$$\Delta m = m^* = \frac{\sqrt{p_0 A_t}}{\sqrt{RT_0}} \tag{4.1}$$

那么，HVOF 的燃烧室压力 P_0 的计算公式为

$$P_0 = \frac{\Delta m \sqrt{RT_0}}{\Gamma A_t} \tag{4.2}$$

式中，A_t 为拉瓦尔喷管喉部截面面积；T_0 为燃烧室的温度。

根据理想气体的一维定常等商流动的质量流率公式得到

$$\Gamma = \left(\frac{2}{r+1}\right)^{\frac{r+1}{2(r-1)}} \sqrt{r}, \quad r = \frac{C_p}{C_v}$$

式中，C_p 为等压比热；C_v 为等容比热。

本试验中，根据喷涂所用氧气和燃油的消耗量，以及喷枪的结构计算燃烧室的压力约为 100 psi（1 psi = 6.895 kPa）。

2. 燃烧室温度

燃烧室温度由燃料的性质、助燃剂的性质、燃料与助燃剂的混合比 i、燃烧室压力 P_0、反应物的初始温度 T_0 和燃烧效率 η 决定，其中燃料系统（包括燃料和助燃剂）的性质和燃烧效率是最重要的。

JP5000 选用航空 3 号煤油作为燃料，选择氧气作氧化剂，此时燃烧室的温度可达 3 400 K，如果选用空气作氧化剂，燃烧室的最高温度只能达到 2 400 K，说明燃烧室的最高温度是受所选燃料系统制约的。

燃烧效率表征的是燃料燃烧的完全程度，即燃料燃烧后其化学能转化为热能（$H_0 = C_p T_0$）的完善程度：

$$\eta = \frac{T_{0r}}{T_0} \tag{4.3}$$

式中，T_0 为理论燃烧室温度；T_{0r} 为实际燃烧室温度。

影响燃烧室效率的因素很多,包括燃烧不完全、燃烧产物的离解和燃烧室侧壁的散热损失等,燃烧室的效率越高则燃烧室的温度也越高。

本试验中,根据正交试验对影响涂层质量的参数进行试验,根据燃烧室压力最佳值计算出煤油和氧气的配比用量,从而计算出燃烧室的温度约为 2 700 ℃。

3. 颗粒的速度

为了简化问题,忽略颗粒与颗粒之间的相互作用,用单个颗粒的运动情况来描述颗粒在喷涂燃流中被输送的特征,并且假设加速颗粒的 HVOF 燃流为等速等温的流体。分析的重点为颗粒的不稳定加速运动过程,即颗粒在加速运动时速度随时间或飞行距离的变化规律。

颗粒的拉格朗日运动方程为

$$F_i = F_R + F_P + F_{vm} + F_B \tag{4.4}$$

式中,F_i 为颗粒的惯性力;F_R 为曳引阻力;F_P 为压力梯度力;F_{vm} 为虚假质量力;F_B 为 Basset 力。

且

$$F_i = \frac{1}{6} \pi d_p^3 \rho_p \frac{du_p}{dt}$$

$$F_R = C_d \frac{\pi d_p^2 \rho_g u_r^2}{4 \ 2}$$

$$F_P = \frac{1}{6} \pi d_p^3 \rho_g \frac{du_g}{dt}$$

$$F_{vm} = \frac{1}{2} \frac{1}{6} \pi d_p^3 \rho_g \left(\frac{du_g}{dt} - \frac{du_p}{dt} \right)$$

$$F_B = \frac{3}{2} d_p^2 (\pi \rho_g u_g)^{\frac{1}{2}} \int_{t_0}^{t} \frac{\frac{du_g}{dt} - \frac{du_p}{dt}}{\sqrt{\pi - t}} dt$$

式中,d_p 为颗粒直径;ρ_g 为气体的质量密度;ρ_p 为颗粒的质量密度;u_g 为气体的速度;u_p 为颗粒的飞行速度;u_r 为气体与颗粒的相对速度;t 为颗粒的飞行时间;C_d 为曳气引力系数;p 为颗粒;g 为气体。

考虑 HVOF 燃流的速度远高于具有较小尺寸颗粒的安全输送速度,在此条件下颗粒已悬浮起来做不沉积的运动,所以颗粒的水平加速运动主要由气流的曳引阻力 F_R 决定。为了近似计算,忽略其他各项力对颗粒水平运动的影响,有

$$\frac{1}{6}\pi d_p^3 \rho_p \frac{du_p}{dt} = C_d \frac{\pi d_p^2 \rho_g u_r^2}{4 \cdot 2} \tag{4.5}$$

式中

$$u_r = u_0 - u_p$$

因为 u_p 不断增加,所以 u_r 的值不断降低,直至其等于颗粒的终端沉降速度 u_t,即

$$u_r = u_t$$

u_t 的计算公式为

$$u_t = \sqrt{\frac{4d_p(\rho_p - \rho_g)g}{3p_g C_d}} \tag{4.6}$$

由于 u_t 值数量级通常为一位数,与 HVOF 喷枪产生的燃流速度 u_{g0} 相比非常小,因此颗粒的最大飞行速度 u_{pmax} 在理论上可以接近燃流速度 u_{g0}。阻力系数 C_d 是雷诺数 Re_p 的函数,计算公式为

$$C_d = A + \frac{B}{Re_p^n} \tag{4.7}$$

式中,A、B、n 为试验常数;

$$Re_p = \frac{|u_g - u_p|d_p}{\nu} = \frac{u_r d_p}{\nu} \tag{4.8}$$

式中,ν 为运动黏度。

因为 u_r 值不断减小,所以 Re_p 是一个变数。可认为喷涂颗粒的加速区与 Ingebob 不稳定运动试验的湍流区相似,即 $500 < Re_p < 15\,000$,这时 $A = 0$,$B = 0.44$,$n = 0$。

在以上条件下对式(4.5)进行积分可以得到:

$$u_p = u_{g0}\left(1 - \frac{1}{u_{g0}C_1 t + 1}\right) \tag{4.9}$$

式中,$C_1 = \dfrac{0.75B\rho_g}{d_p \rho_p}$。

式(4.9)是计算喷涂颗粒飞行速度随时间变化的公式。另外,通过积分运算可以得到颗粒的飞行距离与飞行速度的关系式:

$$L_p = \frac{1}{C_1}\left(\frac{u_{g0}}{u_{g0} - u_p} - \ln\frac{u_{g0}}{u_{g0} - u_p} - 1\right) \tag{4.10}$$

式中,L_p 为颗粒的飞行距离。

假设喷涂距离为 0.5 m(一般喷涂加速距离为 0.2~0.5 m),直径 $d = 10\ \mu m$ 的小颗粒到达待喷涂工件表面的速度能达到燃流气体速度的 50%,

而直径 $d = 60$ μm 的较大颗粒的速度只能达到燃流气体速度的 25% 左右,如果颗粒更大速度则会更慢,颗粒尺寸的大小是影响其速度的一个重要原因。

喷枪的燃流速度是决定颗粒速度最关键的因素。对直径 $d = 10$ μm 的颗粒,当燃流气体速度为 200 m/s 时,其在 0.5 m 处的速度只有 100 m/s 左右;当燃流气体速度为 3 500 m/s 时,其速度可达 1 700 m/s 左右。也就是说,颗粒到达工件表面时的速度是随喷枪燃流气体速度的增大而增大的。此外,燃流气体的密度(或者说压力)对颗粒的速度也有较大的影响,当燃流气体的压力增高时,颗粒的速度也相应增大。

由式(4.9)得

$$u_p \approx k \sqrt{\frac{1}{2} u_g^2 \rho} \tag{4.11}$$

式中,k 为与颗粒和燃流物理性质有关的系数。

式(4.11)表明,颗粒的速度与气流动压的平方根近似成正比,HVOF 燃流的动压越高,则喷涂颗粒的加速度越大。

本试验所用 CoCrMoSi 和 CoNiCrAlY 的粉末粒度为 5 ~ 45 μm,以 $d = 10$ μm 为例,当喷涂距离为 0.5 m 时,颗粒速度可达 1 000 m/s,试验中选择喷涂距离为 380 mm 时,颗粒速度可达 950 m/s。

4. 颗粒的温度

HVOF 喷枪产生的高温高速燃流,对加入其中的喷涂颗粒的热量传输主要包括颗粒与燃流的对流换热和燃流对颗粒的热辐射。由于燃流对颗粒加热时,对流换热是最主要的热量传输方式,为了简化问题,燃流对颗粒的热辐射忽略不计。

采用集总参数模型,喷涂颗粒在加热过程中的吸热速度可表示为

$$dQ = \frac{1}{6} \pi d_p^3 \rho_p \frac{dh_p}{dt} \tag{4.12}$$

式中,Q 为颗粒与燃流的换热量;h_p 为颗粒的热焓。

根据牛顿换热公式,可得燃流对颗粒的对流换热速度:

$$dQ = a \pi d_p^2 (T_g - T_p) \tag{4.13}$$

式中,a 为换热系数;T_p 为颗粒的温度;T_g 为燃流气体的温度。

由式(4.12)和式(4.13)可以得到

$$\frac{1}{6} \pi d_p \rho_p \frac{dh_p}{dt} = a(T_g - T_p) \tag{4.14}$$

由于 $h_p = C_p T_p$,故 $dh_p = C_p dT_p$,所以

$$\frac{1}{6}d_\text{p}\rho_\text{p}C_\text{p}\frac{\text{d}T_\text{p}}{\text{d}t}=a(T_\text{g}-T_\text{p}) \tag{4.15}$$

式中,C_d 为颗粒的曳引阻力系数。

又由于颗粒与燃流的温度差

$$T_\text{r}=T_\text{g}-T_\text{p}$$

故

$$\frac{\text{d}T_\text{p}}{\text{d}t}=\frac{\text{d}(T_\text{g}-T_\text{r})}{\text{d}t}=-\frac{\text{d}T_\text{r}}{\text{d}t}$$

则

$$\frac{1}{6}d_\text{p}\rho_\text{p}C_\text{p}\frac{\text{d}T_\text{p}}{\text{d}t}=aT_\text{r} \tag{4.16}$$

对式(4.16)积分,得到

$$T_\text{p}=T_\text{g0}\left(1-\text{e}^{-\frac{6a}{d_\text{p}\rho_\text{p}C_\text{d}}\cdot t}\right) \tag{4.17}$$

式中,T_p 为颗粒的温度;T_g0 为燃流的温度;ρ_p 为颗粒的密度;d_p 为颗粒的直径;C_d 为曳引阻力系数;t 为颗粒飞行时间。

式(4.17)即为颗粒的温度与加热时间的关系方程。

计算结果表明,颗粒在喷涂燃流中被加热的速度非常快,对直径 $d=10\ \mu\text{m}$ 的颗粒,假设其平均飞行速度为 1 000 m/s,其被加热到 2 000 K 时只需 0.000 15 s 左右,这时颗粒的飞行距离约只有 0.15 m;直径 $d=60\ \mu\text{m}$ 的较大颗粒,假设其平均飞行速度为 500 m/s,其被加热到 2 000 K 时只需 0.000 9 s 左右,这时颗粒的飞行距离约为 0.45 m。由此可见,颗粒的大小对其被加热的速度有较大的影响,尺寸较小的颗粒在很短的时间内被加热到燃流本身的最高温度,而尺寸较大的颗粒却需要更长的时间;另外,燃流的温度越高,则颗粒的加热速度越快。

由于 HVOF 喷涂的颗粒速度非常高(可达 1 200 m/s),火焰的温度又相对较低,颗粒在空气中氧化暴露的时间非常短,所以涂层具有非常高的结合强度和密度,同时氧化物含量也非常低。

4.3.2　HVOF 工艺参数对涂层质量的影响

1. 正交试验结果分析

超音速火焰喷涂最大的优点是颗粒具有高速且相对较低的温度,因此任何影响颗粒到达基体表面时速度的因素均会影响涂层的质量,影响 HVOF 喷涂过程中颗粒沉积特性的主要因素有燃烧室压力、燃烧室温度、喷涂距离、粉末形状与粒度、送粉量以及工件表面处理效果等。

　　本节选取燃烧室压力、燃烧室温度、喷涂距离和砂子粒度作为影响涂层质量的因素,选定影响水平,按照正交试验设计法设计成四因素、三水平 L9_4_3 型正交试验表,见表4.3。以 HVOF 涂层结合强度作为评价涂层质量的标准,涂层结合强度为测量平均值。

表4.3　HVOF 喷涂 CoNiCrAlY 合金正交试验结果表

试验编号	燃烧室压力 /psi	燃烧室温度 /℃	砂子粒度 /目	喷涂距离 /mm	结合强度 /MPa
1	88	2 550	16	305	78
2	88	2 650	20	330	82
3	88	2 750	24	355	86
4	98	2 550	20	355	90
5	98	2 650	24	305	93
6	98	2 750	16	330	85
7	108	2 550	24	330	76
8	108	2 650	20	355	86
9	108	2 750	16	305	78
均值1	82	81.3	80.3	83	—
均值2	89.3	87	86	81	—
均值3	80	83	85	87.3	—
极差值	9.3	5.7	5.7	6.3	—

　　表4.3 中均值表示不同水平时结合强度的平均值,如均值1对应燃烧室压力栏中数据表示在燃烧室压力为水平1时的结合强度平均值,其余类推。由表 4.3 可以看出,当燃烧室压力为98 psi、燃烧室温度为 2 650 ℃、砂子粒度为 24 目、喷涂距离为 305 mm 时,CoCiCrAlY 涂层的结合强度最大,为 93 MPa。

　　极差值表示不同水平时结合强度最大值与最小值之间的差值,该数值反映的是该因素对参照标准的影响能力。根据选定的参数及其影响水平,结合强度结果表明燃烧室压力对涂层结合强度影响最大,如图 4.5 所示。极差值为 9.3 psi,喷涂距离对涂层质量的影响较大,而燃烧室温度和砂子粒度在试验范围内对涂层质量的影响较小。

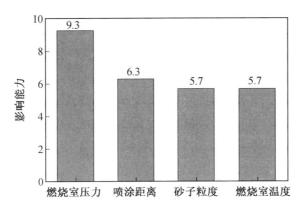

图 4.5　喷涂参数的影响能力比较

同样的方法,得到 CoCrMoSi 合金的优化控制参数,见表 4.4。从表中可以看出,最优参数燃烧室压力为 102 psi,燃烧室温度为 2 720 ℃,砂子粒度为 24目,喷涂距离为 381 mm。

表 4.4　HVOF 喷涂 CoNiCrAlY 和 CoCrMoSi 涂层优化控制参数

喷涂粉末	燃烧室压力 /psi	燃烧室温度 /℃	砂子粒度 /目	喷涂距离 /mm
CoNiCrAlY	98	2 650	20	355
CoCrMoSi	102	2 720	24	381

2. 工艺参数对涂层质量的影响

决定 HVOF 涂层质量的因素较多,包括燃烧室压力、燃烧室温度、喷涂距离、工件表面喷砂效果、送粉量、工件表面的原始硬度以及粉末的形状与粒度等,喷涂参数的影响能力比较如图 4.5 所示。

然而,真正喷涂生产时可调节的参数是燃油流量、氧气流量、喷涂距离、送粉气和送粉量以及工件表面预处理情况等,本节对可直接调节参数中几个主要的参数分别进行讨论。

(1)燃油流量对涂层结合强度的影响。

图 4.6 所示为氧气流量为 1 850 scfh(1 scfh = 0.028 3 m³/h),喷涂距离为380 mm 的情况下,燃油流量变化对涂层结合强度的影响规律。从图中可以看出,在氧气流量和喷涂距离一定的条件下,结合强度随着燃油流量的增大而增大。当燃油流量在 5.75 ~ 6.0 gph(1 gph = 3.785 412 L)范围内增加,结合强度的幅度变化较大。

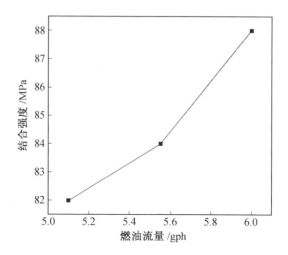

图 4.6　燃油流量对涂层结合强度的影响

　　燃气流量的增加不仅增加燃烧室中气体的总流量,还增加氧化反应中反应物的量,使燃烧产生的热量增加,从而使焰流的温度增加,引起燃烧室内气体膨胀产生的压力升高,即增大燃烧室压力,从而提高涂层的结合强度。

　　(2)氧气流量对涂层结合强度的影响。

　　图 4.7 所示为燃油流量和喷涂距离一定的情况下,结合强度随氧气流量变化的规律。与图 4.6 对比可以看出,氧气流量对结合强度的影响与燃油流量有所不同,当氧气流量在 1 850 ~ 1 900 scfh 范围内增加时,结合强度明显增加;当氧气流量超过 1 900 scfh 后,随着氧气流量的进一步增加,结合强度的变化不明显。

　　氧气流量的增加对涂层结合强度的影响表现在两个方面:①可以增加燃烧室中气体的总流量,有利于燃烧室压力的提高,从而提高涂层的结合强度;②因其本身为冷气流,可以降低燃烧室中焰流的温度,从而减小膨胀产生的压力,降低燃烧室压力,燃烧室压力的降低对结合强度产生不利的影响。这两方面因素共同影响颗粒速度的变化,从而导致图 4.7 所示的变化规律。

　　(3)喷涂距离对涂层结合强度的影响。

　　颗粒的飞行距离和飞行速度的关系见式(4.10)。由式(4.10)可以看出,颗粒飞行是加速过程,随着喷涂距离的增加,颗粒速度也相应增大,有利于提高涂层的质量;但随着颗粒的飞行时间加长,颗粒的温度急剧下降,这是人们不愿得到的结果。因此对于一定粒度的不同粉末,人们希望得到最高的速度和一定的温度,故对喷涂距离根据理论结合试验得到。

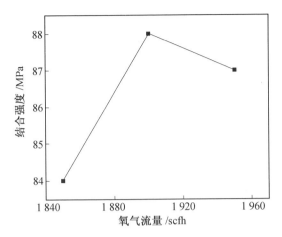

图 4.7　氧气流量对涂层结合强度的影响

本试验条件下,喷涂距离在小于 380 mm 时,颗粒是加速过程,有利于提高涂层的结合强度;当喷涂距离大于 380 mm 后,随着喷涂距离的增加,颗粒的速度开始降低,不利于涂层的结合强度。根据正交试验得到,CoCrMoSi 和 CoNiCrAlY 的最佳喷涂距离分别为 381 mm 和 355 mm。

(4)喷砂效果对涂层结合强度的影响。

工件的预处理效果(即表面的干净程度及喷砂后的粗糙度)对涂层的质量有很大影响。干净程度体现为对油污、氧化皮的处理;喷砂效果主要由砂子的类型、粒度、形状以及喷砂气体压力等参数决定。

喷砂的目的主要是除锈(或污垢)和增加表面粗糙度。除锈能使钝化的表面处于活性状态;粗糙化处理可以使喷涂颗粒与试样的接触面增大,并产生抛锚效应,所以通过粗糙化处理可以大大提高涂层的结合强度。表 4.5 为 CoCrMoSi 合金粉末喷砂与未喷砂结合强度比较,从表中明显看出,喷砂后结合强度大大提高。

表 4.5　CoCrMoSi 合金粉末喷砂与未喷砂结合强度比较　　　　　　　　　MPa

表面状态	涂层结合强度					平均值
喷砂	70	76	84	72	86	77.6
未喷砂	42	36	48	62	44	46.4

根据试验需要,本试验中试样(CrZrCu 板)先经丙酮清洗干净,然后选用 24 目白刚玉砂喷砂处理,气源空气压力为 0.7 MPa。喷砂后 6 h 内必须实施喷涂,涂层采用多层喷涂方法,涂层厚度约为 1 mm,线切割成所需试样进行试验。

（5）其他因素对涂层结合强度的影响。

对于 HVOF 喷涂,颗粒形貌对获得的涂层质量有一定影响,形状不规则会导致颗粒加速过程中飞行状态不稳定。粉末形状以球形或类球形的规则形状最佳,规则球形的颗粒在喷涂过程中受到的拖拽力比较稳定,获得的涂层质量会好得多。

除颗粒形貌之外,颗粒直径过大或过小都会影响颗粒到达基材前的速度。颗粒大,其质量也较大,加速困难,颗粒到达工件时的速度小;颗粒过小,颗粒加速快,但是其质量小带来的较小动量会在到达基体前很容易被冲击波降速,而且会严重地偏向和偏转,不利于颗粒的沉积和得到良好质量的涂层。经过冲击波后,载有颗粒的气流密度及压力减小。另外,粉末太细时,流动性太差,容易造成颗粒熔化堵塞枪管。因此,选择适当粒径范围内的粉末对于获得较高质量的涂层显得非常重要。试验结果表明,对于 HVOF 来说,5～45 μm 粒径范围是合适的。图 4.8 所示为喷涂粉末的形貌。

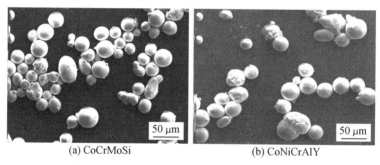

(a) CoCrMoSi　　　　　　　　　　(b) CoNiCrAlY

图 4.8　喷涂粉末的形貌

第5章　涂层组织结构与性能

5.1　涂/镀层微观组织形貌分析

5.1.1　NiCo镀层微观组织

图5.1所示为NiCo镀层的表面微观组织形貌。从图中可以看出,镀层非常致密,几乎没有孔隙和其他杂质存在。

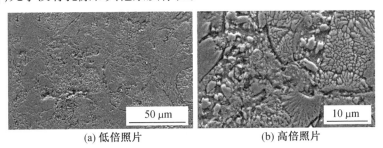

(a) 低倍照片　　　　　　　　(b) 高倍照片

图5.1　NiCo镀层的表面微观组织形貌

图5.2所示为镀层截面微观组织形貌,从图中可以看出,镀层与铜板基体的结合非常好,且很平直。镀层与铜板基体的界面没有出现空洞或其他缺陷,镀层比较致密。

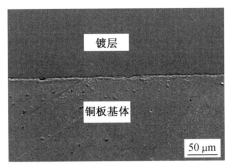

图5.2　镀层截面微观组织形貌

5.1.2　涂层微观组织

图 5.3 所示为 CoCrMoSi 合金涂层微观组织形貌,由于涂层是颗粒以高动能撞击基体形成的,发生很大变形,颗粒由球形变为形状不规则,颗粒变形充分,所以涂层一般缺陷较少,比较致密,其内部几乎没有孔隙,也没有裂缝产生。

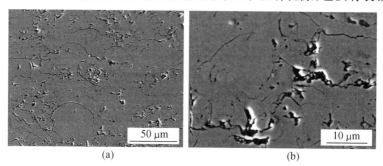

图 5.3　CoCrMoSi 合金涂层微观组织形貌

图 5.4 所示为 CrZrCu、CoCrMoSi 和 CoNiCrAlY 涂层截面微观组织形貌,从图 5.4(a)和图 5.4(b)可以看到,涂层与铜板基体的界面结合凹凸不平,涂层深深地镶嵌在基体内,涂层的结合强度比镀层高的多,这也是 HVOF 涂层不容易剥离的主要原因之一。另外,从图 5.4(b)中可以看出,CoNiCrAlY 和 CoCrMoSi 合金的结合最好,无明显界面。

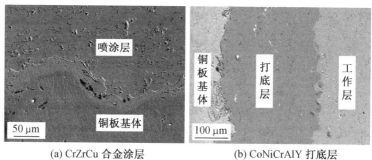

(a) CrZrCu 合金涂层　　　　　(b) CoNiCrAlY 打底层
　　　　　　　　　　　　　　　　和 CoCrMoSi 面层

图 5.4　CrZrCu、CoCrMoSi 和 CoNiCrAlY 涂层截面微观组织形貌

优化前的涂层缺陷较多,如颗粒变形不充分,涂层内部存在较多孔隙,且有明显的夹杂,甚至孔洞,或者孔隙之间彼此贯通,如图 5.5(a)所示。喷涂产生的缺陷使涂层的性能大大下降,如孔隙率增大或孔洞增多,导致涂层防腐的密封性下降,甚至使功能涂层失效,使喷涂性能大打折扣,得天独厚的优势失去意义,所以工艺优化是非常必要的。

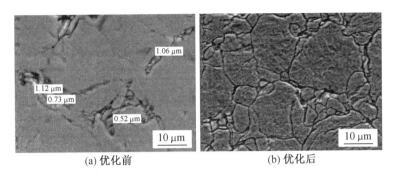

(a) 优化前　　　　　　　　　　(b) 优化后

图 5.5　CoCrMoSi 涂层 SEM

5.2　涂层性能测试与分析

5.2.1　涂层结合强度

涂层结合强度是涂层性能最重要的指标之一,它反映了涂层的力学性能。承受载荷的场合对涂层的结合强度有特殊的要求,否则容易造成涂层的破坏。本试验选用 CoNiCrAlY+CoCrMoSi 和 CoCrMoSi 合金分别在 CrZrCu 试样上进行喷涂,并进行拉伸试验,表 5.1 为涂/镀层结合强度测试结果。

从表 5.1 中可以看出, CoNiCrAlY + CoCrMoSi 涂层的结合强度大于 CoCrMoSi 涂层的结合强度。涂层结合强度的影响因素较多,喷涂表面预处理的质量、喷涂材料、基体材料、颗粒的粒度、颗粒的速度等都影响涂层的结合强度。干净、粗糙的喷涂表面利于涂层与基体的结合,因此,基材喷涂之前必须进行净化处理和粗化处理。通过净化处理除去表面所有的污垢,如氧化皮、油渍、油脂及其他污物。粗化处理使基材表面形成均匀凹凸不平的粗糙面,增大涂层与基体的相对结合面积;宏观粗化能减小涂层的残余应力,并活化表面。

本试验中,在喷涂之前,对基材采用相同的预处理方法,因此,预处理条件不是结合强度差异的影响因素。超音速火焰喷涂与常规热喷涂的显著区别是,它依靠高速颗粒的撞击基体表面来实现涂层的沉积,所以颗粒的飞行速度是影响涂层质量的主要因素。喷涂过程中,粉末颗粒通过超音速气流的拖拽力加速,因此对粉末的形状有一定的要求。已有的研究结果表明,颗粒的球形度越好、粒度越均匀,则粉末的流动性能越好。试验使用两种粉末均为类球形,颗粒直径约为 25 μm,较好的球形度有利于颗粒的加速和颗粒速度的均匀性,从而在涂层沉积过程中,部分速度较低的颗粒产生了对基材的冲刷,而没有实现沉积。未沉积颗粒的反弹干扰了基材与涂层界面处颗粒的运动,造成其变形不充分,导致界面缺陷。

表 5.1　涂/镀层结合强度测试结果　　　　　　MPa

涂/镀层	结合强度					平均值
CoNiCrAlY+CoCrMoSi 喷涂层	92	78	84	103	96	90.6
CoCrMoSi 喷涂层	70	76	84	72	86	77.6
NiCO 镀层	18	16	16	20	14	16.8

在黏结拉伸法测试涂层结合强度的过程中,断裂面均为涂层与基材的结合面,说明涂层与涂层本身的结合强度大于涂层与基体界面的结合强度,所以提高涂层结合强度在于改善涂层与基体界面的状况。从图 5.4(a)和图 5.4(b)中可以看出,涂层与基体的结合界面处存在凹凸,涂层与基体没有完全黏合,但涂层与基体之间嵌合致密,所以 HVOF 涂层的结合强度很高。从图 5.4(b)可见,CoNiCrAlY 和 CoCrMoSi 的结合面非常致密,几乎看不到分界限。从图 5.2中可以看出,涂层与基体结合面非常平整光滑,没有一点缺陷,这也是电镀镀层结合强度差的主要原因。

5.2.2　涂层显微硬度

涂层硬度是反映涂层质量的重要指标之一,尤其当涂层用于耐磨损用途时,涂层硬度在一定程度上反映了涂层的耐磨性。涂层硬度测试有宏观硬度与显微硬度测试两种,本试验选用显微硬度测试。CrZrCu 表面喷涂 CoMoCrSi 涂层后,对涂层表面进行打磨抛光,然后测量涂层的显微硬度,测试结果见表 5.2,涂层显微硬度试验后形貌如图 5.6 所示。

表 5.2　涂/镀层的显微硬度值($HV_{0.1}$)

涂/镀层	显微硬度					平均值
CoCrMoSi	850	855	830	825	840	840
NiCo 镀层	420	405	405	410	440	416

测试结果表明,涂层的硬度分布均匀,打底层和工作层的硬度相差不大。涂/镀层的显微硬度如图 5.7、图 5.8 和图 5.9 所示。从表 5.2 中可以看出,喷涂层的平均显微硬度为 $HV_{0.1}840$,而镀层的平均硬度只有 $HV_{0.1}416$,只有喷涂层显微硬度的一半左右,由显微硬度与耐磨性的关系来说,涂层的耐磨性远远强于镀层的耐磨性。

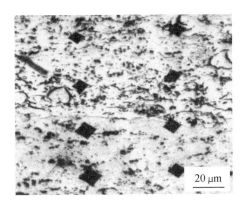

图 5.6 涂层显微硬度试验后形貌

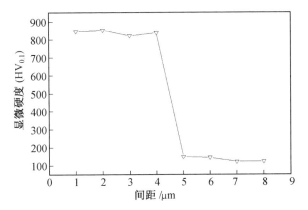

图 5.7 CoCrMoSi 涂层显微硬度

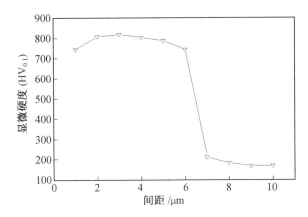

图 5.8 CoNiCrAlY+CoCrMoSi 涂层显微硬度

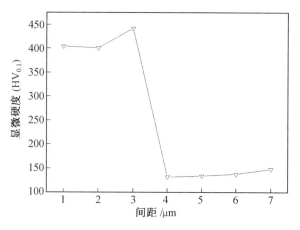

图 5.9　NiCo 镀层显微硬度

5.2.3　涂层孔隙率

孔隙率是涂层的重要性能指标。作耐蚀性涂层应用时,腐蚀介质会通过孔隙浸透到基材表面。

涂层的孔隙率受多种因素的影响,如颗粒的特性、喷涂材料的物理性能、基体的表面状态等。涂层由变形颗粒堆叠形成,变形颗粒在堆叠过程中,往往不能完全重叠,特别是某些速度较低的颗粒,由于变形不充分,容易产生不完全重叠,从而形成孔隙,不完全重叠时的孔隙形成示意图如图 5.10 所示。由涂层的结构可以发现,孔隙基本出现在颗粒的交界处,说明不完全重叠是涂层孔隙形

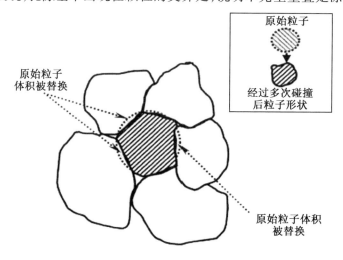

图 5.10　不完全重叠时的孔隙形成示意图

成的主要因素。HVOF 喷涂颗粒的速度高,颗粒沉积时撞击力大,变形充分,大大减少了颗粒间的不完全重叠。

　　HVOF 喷涂涂层均匀致密,孔隙率比其他喷涂工艺低得多,会大大提高耐蚀性。图 5.11 优化后 CoMoCrSi 涂层的端面和截面组织结构形貌,从图中可以看到,涂层均匀致密,无大孔洞和缺陷,涂层孔隙率仅为 2.83%(表 5.3)。

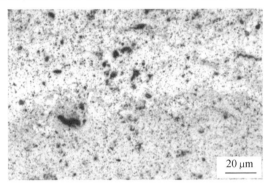

图 5.11　优化后 CoMoCrSi 涂层的端面和截面组织结构形貌

表 5.3 涂层孔隙率

试样	1	2	3	4	5	6	平均值
孔隙率/%	2.96	3.02	3.13	2.56	2.64	2.71	2.83

5.2.4　X 射线及能谱分析

1. 镀层 X 射线及能谱分析

　　本试验在 CrZrCu 表面电镀 NiCo 合金镀层,分别对 NiCo 合金镀层近界面处和远离界面处进行能谱分析(图 5.12、图 5.13),所得结果见表 5.4。

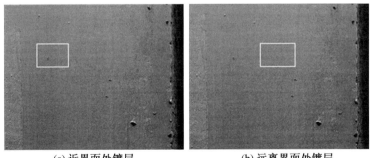

(a) 近界面处镀层　　　　　　(b) 远离界面处镀层

图 5.12　电镀镀层界面照片

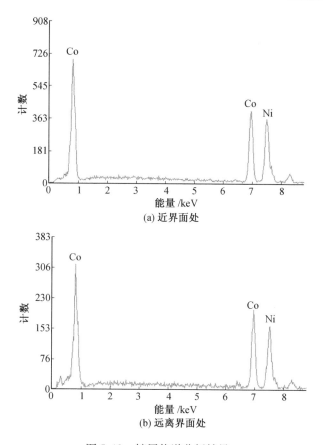

图 5.13　镀层能谱分析结果

表 5.4　NiCo 合金镀层能谱分析结果

位置	元素	质量分数/%	原子数分数/%
近界面处	CoK	48.64	48.55
	NiK	51.36	51.45
远离界面处	CoK	51.03	50.94
	NiK	48.97	49.06

　　从图 5.12、图 5.13 中可以看出,镀层中只有 Ni、Co 两种元素,在接近界面处,Ni 的含量大于 Co 的含量,随着远离界面,Ni 的含量逐渐减少,Co 的含量逐渐增加,与实际电镀工艺中采用的方法相符。

　　图 5.14 所示为电镀镀层的 XRD 曲线,镀层由 Co 相和 Ni 相组成,与能谱测得的结果完全一致。镀层的衍射峰值分别为(111)、(200)、(220)、(311)和(222)。

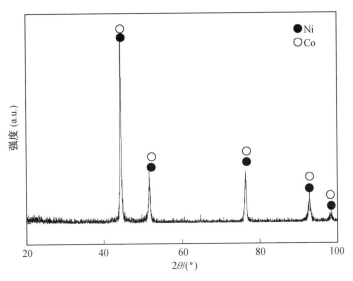

图 5.14　电镀镀层的 XRD 曲线

2. HVOF 喷涂 X 射线及能谱分析

图 5.15 所示为 CoCrMoSi 合金粉末和涂层的 XRD 曲线。合金粉末由快速雾化法制得，粉末中主要含 Fe_3Si、Fe_2Mo、$FeSi_2$、$Mo_5Cr_6Fe_{18}$ 和 Cr_7Mo_6 等五种相，对应衍射峰依次为（220）、（110）、（102）、（330）、（202）等，喷涂后衍射峰主要有（111）、（103）、（200）、（220）、（311）等。除（103）为 $MoSi_2$ 之外，其余均为 $Fe_{0.6}Cr_{1.7}Ni_{1.2}Si_{0.2}Mo_{0.1}$。

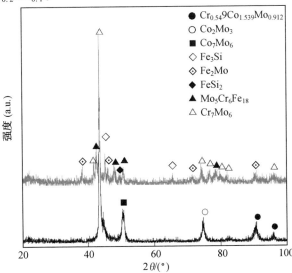

图 5.15　CoMoCrSi 合金粉末和涂层的 XRD 曲线

喷涂后原始粉末中的相基本消失无法辨认,说明粉末颗粒在高速撞击到基体表面的过程中发生熔化,粉末发生结晶重组。

5.2.5 涂层冷热疲劳性能

冷热疲劳性能是 CrZrCu 实际使用中最重要的参数之一。试验过程中,电镀层为 Co-Ni 合金,编号为 D1 ~ D5;HVOF 喷涂 CoCrMoSi 合金,编号为 P1 ~ P5;带有 CoNiCrAlY 打底的 CrMoCrSi 合金涂层,编号为 P6 ~ P10。450 ℃ 和 800 ℃ 试验结果分别见表 5.5 和表 5.6。

表 5.5　涂层 450 ℃ 冷热疲劳试验结果

序号	试样号	高温时间/min	循环次数/次	涂层状态	总时间/min
1	D1	15	50	>30% 剥落	750
2	D2	15	45	>30% 剥落	675
3	D3	15	19	>30% 剥落	285
4	D4	15	25	>30% 剥落	375
5	D5	15	50	>30% 剥落	750
6	P1	15	104	未见剥落	1 560
7	P2	15	110	未见剥落	1 650
8	P3	15	106	未见剥落	1 590
9	P4	15	115	未见剥落	1 575
10	P5	15	130	未见剥落	1 950
11	P6	15	21	>30% 剥落	315
12	P7	15	25	>30% 剥落	375
13	P8	15	31	>30% 剥落	465
14	P9	15	35	>30% 剥落	525
15	P10	15	48	>30% 剥落	720

表 5.6　涂层 800 ℃ 冷热疲劳试验结果

序号	试样号	高温时间/min	循环次数/次	涂层状态	总时间/min
1	D1	15	52	34% 剥落	780
2	D2	15	1	完全剥落	15
3	D3	15	1	完全剥落	15

续表 5.6

序号	试样号	高温时间/min	循环次数/次	涂层状态	总时间/min
4	D4	15	52	30% 剥落	780
5	D5	15	1	完全剥落	15
6	P1	15	29	>30% 涂层剥落	435
7	P2	15	29	>30% 涂层剥落	435
8	P3	15	30	>30% 涂层剥落	450
9	P4	15	30	>30% 涂层剥落	450
10	P5	15	29	>30% 涂层剥落	435
11	P6	15	18	>30% 涂层剥落	270
12	P7	15	21	>30% 涂层剥落	315
13	P8	15	8	>30% 涂层剥落	120
14	P9	15	29	>30% 涂层剥落	435
15	P10	15	12	>30% 涂层剥落	180

从表 5.5 中可以看出,450 ℃时,电镀层剥离 30% 平均循环 37.8 次,经 CoNiCrAlY 打底的 CoMoCrSi 合金涂层平均循环 32 次,而 HVOF 涂层 CoCrMoSi 平均循环 113 次还完好无损。CoMoCrSi 合金涂层的冷热循环寿命比电镀的冷热循环寿命明显高很多,是电镀的三倍多。试验结果还揭示,HVOF 喷涂涂层的冷热疲劳失效形式与电镀镀层有很大差别。在该试验条件下,HVOF 涂层的失效主要以小块涂层脱落为主要形式,而电镀镀层的失效为镀层与基体整体剥离。由此可见,在 450 ℃时,HVOF 涂层冷热疲劳性能明显优于电镀镀层。

由图 5.16(a)可见,镀层与铜板基体之间有很明显的分界线,镀层四周与基体分离,镀层与基体结合得不是很好,它们之间出现了一层氧化物,出现镀层与基体整块分离的趋势。由 5.16(b)和 5.16(c)可见,试验后 HVOF 涂层与铜板基体的结合依然比较好,有小部分的涂层从基体上剥落,中间无氧化层,发黑的部分是因为涂层的硬度大于铜板基体的硬度,导致在打磨的过程中,涂层和铜板基体不在同一平面内,造成抛光剂进入涂层与基体间的缝隙,黑色的物质是没有洗净的抛光剂。从图 5.16 三个图中对比可以看出,450 ℃时,铜板基体表面 CoNiCrAlY 和 CoMoCrSi 合金涂层的耐高温和抗氧化性能都优于 Ni–Co 合金镀层。

800 ℃时,当产生 30% 涂层破坏时,电镀层平均循环 21.4 次,经 CoNiCrAlY 打底的 CoMoCrSi 合金涂层平均循环 17.9 次,而 CoMoCrSi 合金涂层平均循环

29.4 次。由此可见,此时 HVOF 涂层冷热循环寿命略高于电镀层。HVOF 属于小块剥蚀,电镀层属于整体脱落,这是很危险的脱落形式,更重要的是电镀层很不稳定,其中有 60% 左右的铜块涂层在第一次冷热疲劳时就脱落了。

(a) 电镀 Ni-Co

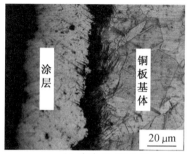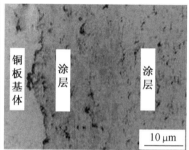

(c) 喷涂 CoCrMoSi   (d) 喷涂 CoNiCrAlY+CoCrMoSi

图 5.16　450 ℃冷热疲劳后微观组织

由图 5.17(a)可见,镀层与基体之间存在较厚的氧化层,厚度大约占镀层的 30%。镀层四周向上卷边翻出,表现为镀层整体与基体剥离。由图 5.17(b)和图 5.17(c)可见,CoMoCrSi 合金涂层与基体之间出现了少量氧化层。与原始试样(图 5.17(c))相比,CoNiCrAlY 涂层与基体之间缝隙变化不大,涂层与基体被氧化的比例比镀层小得多。

试验结果与分析表明,镀层脱落前在涂层与基体结合面上,在高温氧化气氛中首先发生氧化,生成氧化层,随着氧化时间的延长,氧化层逐渐增厚,当氧化层增长到一定厚度时,镀层开始大面积剥落,从而铜板基体表面失去保护层。试验结果还证实,电镀 Ni-Co 氧化层的生成速度比 CoMoCrSi 合金涂层快,因此,CoMoCrSi 合金涂层的冷热疲劳性能优于电镀 Ni-Co。CoNiCrAlY 涂层的抗氧化和腐蚀作用,是基于在涂层表面形成致密的 Cr_2O_3 或 Al_2O_3 氧化膜,这些氧化膜作为氧的障碍层(屏蔽层)阻止基体或结合底层进一步氧化或腐蚀。因此,CoNiCrAlY 涂层几乎未发生氧化,但 CoNiCrAlY 涂层的抗冷热疲劳性能差,

(a) 电镀 Ni-Co

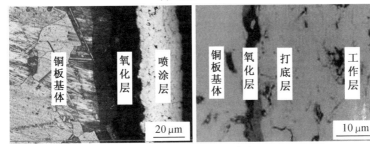

(c) 喷涂 CoCrMoSi   (d) 喷涂 CoNiCrAlY+CoCrMoSi

图 5.17 800 ℃冷热疲劳后微观组织

原因可能是涂层和基体的热膨胀系数相差太多,循环热应力较大的缘故。另外,HVOF 涂层的冷热疲劳失效形式为逐层小块剥落,对铜板基体的保护失效过程较缓慢,因此不会给钢铁生产带来漏钢等严重事故。

图 5.18 所示为冷热疲劳试验结果,从图中可以更直观地看出疲劳性能的差别。

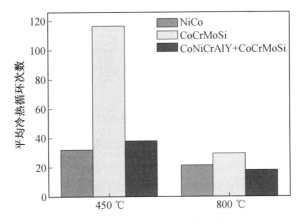

图 5.18 冷热疲劳试验结果

5.2.6　涂层磨损性能

1. 结晶器摩擦力的计算

连铸结晶器摩擦力对铸坯质量有重要影响,当铸坯与结晶器之间的摩擦力达到一定程度时,可能导致铸坯与结晶器之间黏着,甚至产生漏钢事故。特别是随着铸坯拉速的提高,由于黏着造成的漏钢事故比例迅速上升,已占漏钢总数的60% ~80%。研究表明,在结晶器的不同部位,摩擦状况是不同的,在结晶器上部,以液体黏性摩擦为主,在结晶器下部,以固体库仑摩擦为主,总摩擦阻力为液体摩擦力和固体摩擦力之和。

在结晶器上部,由于保护渣以液态存在,以流体润滑为主,铸坯与结晶器之间产生的摩擦力以液体摩擦为主。假设流体运动处于瞬间平衡状态,为牛顿流体且不可压缩。在流体膜润滑系统中,由于相对运动引起的液体摩擦阻力由下式表示:

$$F_f = \iint \nu \left(\frac{\partial \mu_x}{\partial y} \right) y = h(x) \, dA \tag{5.1}$$

$$F_f = -2 \iint \nu \frac{v_m - v_s}{h(x)} dA - \frac{1}{2} \iint \frac{\rho_f g L_f + P_i + 6\nu(v_m - v_s) \in L_f}{h^2(x)\delta(L_f)} dA \tag{5.2}$$

式中,F_f 为液体摩擦阻力(N);ν 为动力黏度(Pa·s);$h(x)$ 为润滑膜厚度(m);v_m 为结晶器振动速度(m·s^{-1});v_s 为拉坯速度(m·s^{-1});ρ_f 为保护渣密度(kg·m^{-3});L_f 为润滑膜长度(m);dA 为单元面积(m^2)。

利用式(5.2)可以计算铸坯与结晶器之间的液体摩擦阻力,从式(5.2)还可以看出,液体摩擦阻力的影响因素与铸坯拉速、结晶器振动情况、保护渣的性能等许多因素有关,而且与结晶器振动周期相关。

随着铸坯温度的降低,当铸坯温度低于保护渣的结晶温度时,保护渣以固态存在,这样铸型(结晶器)与铸坯间的相对运动产生在固体保护渣与铸坯之间,它们之间由于相对运动产生的摩擦力称为固体摩擦力。计算固体摩擦力主要利用库仑定律:

$$F_s = \iint \mu P_n \, dA \tag{5.3}$$

式中,F_s 为固体摩擦力(N);μ 为摩擦因数;P_n 为单位面积法向压力(Pa)。

P_n 为

$$P_n = P_f - P_c \tag{5.4}$$

$$P_f = \rho g h \tag{5.5}$$

式中,ρ 为钢液密度(kg·m^{-3});g 为重力加速度(m·s^{-2});h 为计算点距弯月面的距离(m)。

$$P_{ci} = \frac{4\beta E_i \Delta t_i S_i^2}{5(1-\nu^2) b_x^2} \tag{5.6}$$

式中, β 为线膨胀系数(1/℃); E_i 为弹性模量(MPa); Δt_i 为坯壳温度变化(℃); S_i 为坯壳厚度(m); ν 为泊松比; b_x 为半铸坯宽(m)。

将式(5.4)~(5.6)代入式(5.3),计算固体摩擦力公式。

总结晶器摩擦力公式:

$$F_t = F_s + F_f \tag{5.7}$$

2.涂层磨损性能试验结果和分析

试样短时间磨损试验结果见表5.7。

表 5.7　试样短时间磨损试验结果

试样	体积/mm³	摩擦系数
喷涂	1.607 1	0.612 5
电镀	7.837 4	0.534 2
CrZrCu 基体	256.594	0.802 7

由图5.19、表5.7可知,经过表面处理后,涂/镀层的磨损体积远远小于铜板基体的磨损体积。在铜基表面进行表面处理之后,可以有效地减少铜板基体的磨损体积,有效缓减了连铸结晶器 CrZrCu 基体的磨损失重,增加连铸结晶器 CrZrCu 基体的耐磨损性。由图5.19可知,涂层的磨损体积比镀层的磨损体积小,仅为镀层的1/4;而且,涂层的摩擦系数较镀层的摩擦系数小,有效地增加涂层的抗磨损性能。可得涂层的耐磨性能优于镀层的耐磨性能的结论,应用于连铸结晶器铜板基体,可以有效地延长其使用时间。

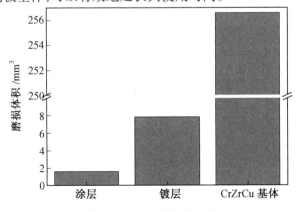

图 5.19　短时间失重比较

　　图 5.20 所示为涂/镀层的磨损失重比较图。由图 5.20 可知,随着时间的增加,镀/涂层的磨损失重均呈现不同程度的增加。涂层的磨损失量增加的速度比较缓慢,曲线平缓上升;而镀层的磨损失量急剧增加,曲线斜率较大。30 min 时,镀层与涂层得磨损失量分别为 0.598 6 g 和 0.057 2 g,镀层的磨损失重约是涂层磨损失重的 10.5 倍。

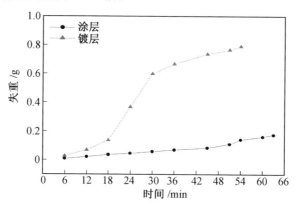

图 5.20　涂/镀层的磨损失重比较图

　　由图 5.21 可以看出,随时间的增加,摩擦系数基本呈递增的规律,主要是因为在摩擦初始阶段,由于接触面间微凸体和磨粒的影响,同时磨损后新接触表面积增大,黏着增大,使摩擦系数急剧增高。但是随着试样表面磨损的加剧,磨环表面的磨损颗粒迁移保持平衡,即磨损产生的颗粒保持一定时(与从摩擦面间排出的磨损颗粒量保持平衡),会使摩擦系数很快下降。由于涂层的硬度较镀层的硬度大,因此在法向载荷作用下,磨环和磨块表面的微凸体压入摩擦副的深度小,所以在磨损过程中犁削磨损小,即摩擦阻力小,在磨损试验中很难

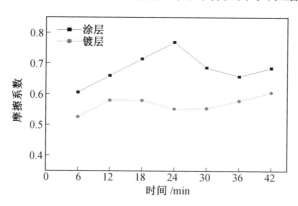

图 5.21　涂/镀层摩擦系数比较

发生严重犁削磨损,故涂层的摩擦系数没有镀层的摩擦系数大,仅为镀层摩擦系数的 0.69 倍。

3. 镀/涂层磨损机制分析

涂层耐磨性是一项非常重要的指标,对涂层的各种耐磨性已有非常详细的研究报道。根据摩擦学理论,按不同的磨损机理分类,可以将磨损分成磨粒磨损、黏着磨损、疲劳磨损和腐蚀磨损四种类型。在摩擦副的磨损过程中,这四种类型的磨损可能单独出现,也可能同时出现。由图 5.22 和图 5.23 可知,在选定的磨损条件下,只存在前两种磨损形式,即磨粒磨损和黏着磨损产生。磨粒磨损是由于硬质颗粒或硬突起物使材料产生迁移而造成的一种磨损现象,硬质颗粒在一个较软的耦合表面犁沟或拉槽,从而在经过磨粒磨损的表面上,可以看到与摩擦副表面相对运动方向平行的沟槽。

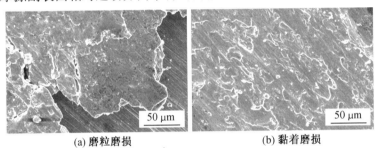

(a) 磨粒磨损   (b) 黏着磨损

图 5.22   镀层磨损后 SEM

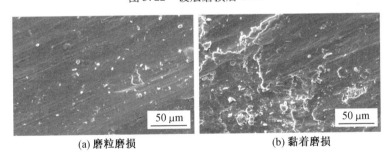

(a) 磨粒磨损   (b) 黏着磨损

图 5.23   涂层磨损后 SEM

黏着磨损是指摩擦副表面的微凸体间接触应力很大,以致在接触表面发生原子间的黏着吸附,即冷焊现象,但由于摩擦副的相对运动导致冷焊点形变断裂而形成磨屑或在接触表面间发生材料转移,冷焊点示意图如图 5.24 所示,图中 1 和 2 表示一对摩擦副。由图 5.22 可知,镀层的磨痕表面布满犁沟,犁沟沿摩擦副相对的方向,表明镀层的磨损方式主要是严重的黏着磨损,并伴有较严重的磨粒磨损。而由图 5.23 可知,由于涂层的硬度比摩擦副、镀层的硬度高,抗压入的能力很强(图5.25、图5.26),磨损面的犁沟槽不明显,但是发生黏着磨损。

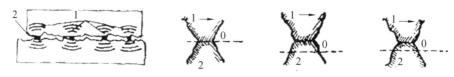

图5.24　冷焊点示意图

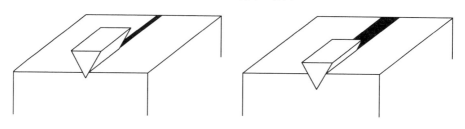

图5.25　涂层/钢磨损示意图　　　　　　图5.26　镀层/钢磨损示意图

相对于镀层发生的黏着磨损而言,涂层的黏着磨损程度较轻,主要是因为制备工艺不同。涂层是半熔化状态的合金粉末在压缩气流作用下高速冲击基材表面,在凹凸不平的表面呈扁平状黏附,形成无数变形颗粒互相交错波浪式堆叠在一起的层状组织结构,有一定量的孔隙率。黏着磨损的剥落发生在颗粒的结合处,以颗粒或者团状的形式剥落,形成坑,而镀层是通过化学反应形成层状结构,以层的形式剥落。其次是本试验在干磨损条件下,磨粒磨损可以遵循由 Rabinowie 提出的磨粒磨损模型:

$$W_{abr} = \frac{K_{abr}}{\pi} \times \frac{L}{H} \tag{5.8}$$

式中,K_{abr}为磨粒磨损系数,与磨料有关;L为载荷;H为硬度。

由式(5.8)可以看出,在给定磨损条件下,磨粒磨损与硬度成反比,即硬度越高,材料越耐磨。显微硬度试验结果表明,涂层的显微硬度高于镀层的显微硬度。干磨损条件下,涂层的耐磨性能高于镀层的耐磨性能。

第6章　表面纳米化试验及结构表征

焊接技术本身固有的快速加热和冷却以及添加焊接材料的工艺特点决定了焊接接头组织(可简单地划分为母材、热影响区(HAZ)、焊缝)及性能的不均匀性,这种不均匀性是焊接接头在服役中失效的主要原因之一,因此,如何实现焊接接头组织及性能的均一化是焊接技术需要解决的关键问题之一。采用表面喷丸处理可以改善金属材料与焊接接头的组织均一化,使晶粒细化并产生压应力层,从而提高焊接接头的性能,如田志凌等采用喷丸改变了TP304H耐热钢抗水蒸气氧化性能,李辛庚等采用超声捶击提高超细晶粒钢焊接接头的疲劳性能。那么利用表面纳米化技术,对焊接接头进行处理,不仅可以产生压应力层,使材料表面组织均一化,而且晶粒细化至纳米量级,预计会使焊接接头的性能大幅度提高。

表面纳米化已引起国际学者的广泛关注,被认为是今后几年纳米材料研究领域最有可能取得实际应用的技术之一。本章主要是尝试将纳米技术引入压力容器的制造和维修实际工程中,即通过超音速颗粒轰击技术,使压力容器焊接接头表层晶粒细化至纳米量级,由此不仅使焊接接头表层组织与应力均匀化,还赋予焊接接头纳米晶材料特殊的力学和理化性能,从而达到大幅度提高焊接接头抗应力腐蚀和氢脆的能力。为最终实现大幅度减少压力容器的安全事故,减小国家财产的损失,保护人民生命安全的目的提供可靠的技术保证。本章选用对压力容器普遍采用的0Cr18Ni9Ti奥氏体不锈钢和16MnR低合金钢及其焊接接头进行表面纳米化处理,研究经过处理的焊接接头的微观结构、显微硬度、抗拉强度和抗弯强度,以及硫化物应力腐蚀的性能,以期通过研究,为表面纳米化提高焊接材料抗应力腐蚀性能应用提供依据。

6.1　表面纳米化试验

6.1.1　试验方法及过程

1.试验装置

本试验中0Cr18Ni9Ti奥氏体不锈钢焊接接头和16MnR低合金钢焊接接头

表面纳米化的实现是采用超音速颗粒轰击的方法。其装置示意图如图 6.1 所示,即利用压缩空气作为载气,压缩空气经由 Laval 喷嘴获得超音速,并携带硬质颗粒喷射到材料的表面,由于无数颗粒高速反复撞击材料的表面,使材料表层严重塑性变形,导致表面晶粒细化,逐步达到纳米晶。控制的主要工艺参数为硬质颗粒的种类、颗粒的尺寸、轰击温度、轰击压力和轰击时间等。

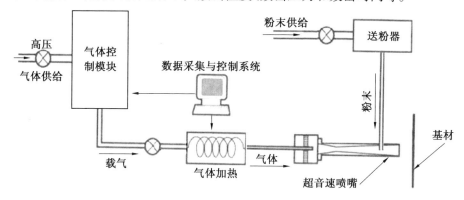

图 6.1　超音速颗粒轰击装置示意图

2. 试验材料及焊接工艺

试验材料为 0Cr18Ni9Ti 奥氏体不锈钢和 16MnR 低合金钢板材,化学成分见表 6.1 和表 6.2。

表 6.1　0Cr18Ni9Ti 奥氏体不锈钢的化学成分(质量分数)　　%

C	Cr	Ni	Ti	Mn	Si	P	S	Fe
0.059	18.86	8.35	0.023	1.65	0.58	0.024	0.004 1	余量

表 6.2　16MnR 低合金钢的化学成分(质量分数)　　%

C	Mn	Si	P	S	Fe
0.16	1.42	0.37	0.013	0.019	余量

(1)0Cr18Ni9Ti 奥氏体不锈钢焊接工艺参数。

试板尺寸为 250 mm×200 mm×20 mm;采用 E308-16(A102)φ3.2 mm 焊条,焊条烘干温度为 150 ℃,保温 1 h。压力容器通常采用的焊接方法:手工电弧焊,焊前使用机械方法和化学方法除锈、除油;采用直流正接;打底层电流为 80 A,填充焊缝电流为 95 A;工作电压为 30 V,空载电压为 80～90 V;焊接速度为 1.5 mm/s;两块钢板采用对接,双 Y 型坡口,两板坡口间隙为 3 mm,坡口角度单边为 30°,中间钝边为 2 mm;控制层间温度低于 500 ℃;冷却方法:空冷;试板经 X 射线探伤后,取样部位无缺陷。

(2)16MnR 低合金钢焊接工艺参数。

试板尺寸为 290 mm×240 mm×20 mm;采用 J507φ3.2 mm 焊条,烘干温度为 350 ℃,保温 1 h;打底层电流为 90 A,填充焊缝电流为 110 A;工作电压为 30 V,空载电压为 80~90 V;焊接速度为 1.3 mm/s;采用直流反接。试板经超声波探伤(使用型号为 CTS-22A,探头型号为 2.5P(频率)13×13K2-D,耦合剂为机油,标准试块型号为 CSK-3A,检测比例为 2∶1,检测标准为 JB4730-94),取样部位无缺陷。

焊缝形状如图 6.2 所示,图中 H 为熔深,B 为熔宽,a 为余高,F_m 为母材熔化横截面积,F_H 为填充金属在焊缝横截面所占面积。

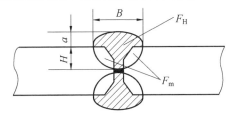

图 6.2　焊缝形状

3. 试验过程

本试验首先通过改变轰击压力、轰击距离、轰击时间、送粉量、轰击温度和硬质颗粒的种类等工艺参数来确定纳米化的最佳工艺参数,然后将加工好的焊接试样表面进行磨光并用丙酮清洗干净。

6.1.2　分析和测试方法

1. 颗粒测速

颗粒速度的测定方法有高速摄影、高速录像及激光多谱勒等,本试验中的颗粒速度测试采用激光辅助高速摄影的方法。

Spray-watch2i 测试系统(图 6.3)由芬兰 Oseir 公司提供。测试过程首先调整摄像机、喷管和激光器的位置,完成对焦;然后通过计算机控制面板设置激光脉冲,通过激光脉冲与高速摄像机捕捉颗粒飞行轨迹;利用 Oseir Company 提供的软件计算颗粒速度。

2. 金相显微镜观察

利用 MEF-4 型金相显微镜观察样品颗粒轰击后的横截面组织形貌和变形层变化情况。将制得的不锈钢金相样品用 10% 的草酸溶液电解蚀刻至出现清晰的晶界为止,16MnR 低合金钢金相样品用 5% 硝酸酒精溶液(HNO₃(5 mL)+

C_2H_5O(95 mL))蚀刻至出现清晰的晶界为止。

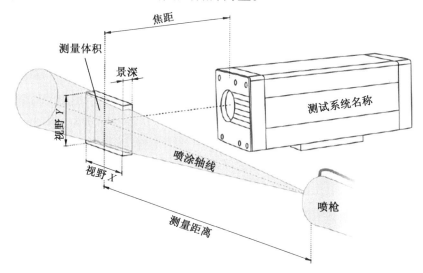

图6.3　颗粒测速系统简图

3. 电子显微镜观察

利用 JSM-6301F 型扫描电子显微镜(SEM)观察接头经超音速颗粒轰击的拉伸和应力腐蚀断口形貌。断口表面应清洗干净,对于应力腐蚀断口,由于其表面覆盖大量腐蚀产物,需用 EDTA(乙二氨四乙酸二钠溶液)和丙酮使用超声波振荡器进行清洗。

采用 JEM-2000FXⅡ透射电子显微镜(TEM),观察 0Cr18Ni9Ti 奥氏体不锈钢焊接接头样品颗粒轰击后的微观组织工作(电压为 200 kV);采用 Philips EM 420 透射电子显微镜(TEM),观察 16MnR 低合金钢焊接接头样品颗粒轰击后的微观组织工作(电压为 100 kV)。透射电子显微镜样品制备采用机械研磨和单面离子减薄结合的方法。将颗粒轰击样品用线切割法从表层取样 0.5 mm 左右,然后从基体方向用砂纸从粗到细磨至 30 μm 左右,再在真空室温条件下从基体方向单面离子减薄至试样穿孔。

晶粒尺寸图像分布由法国 Kontron 公司生产的 ISP500 图像分析仪完成的。透射电子显微镜暗场像经过投影放大后显示在计算机屏幕上,通过二维化形成图像点阵。交叉测量晶粒长度,将最大交叉长度的计算平均值作为晶粒尺寸。

4. X-射线衍射

利用 X-射线衍射(XRD)对轰击样品的表面结构和结构参量沿厚度方向的变化进行表征,根据 Scherrer-Wilson(舍尔-威尔逊)方程,由衍射线宽化计算平均晶粒尺寸和微观应变。

定量 XRD 试验在理学 D/max 2500PC 型 X-衍射仪上完成。试验采用 Cu 靶,管压为 50 kV,管流为 200 mA,工作温度保持在（293±1）K,铜的波长 $\lambda k_{\alpha1}$ 和 $\lambda k_{\alpha2}$ 由位于测角仪接受狭缝处的石墨单晶选出。发散狭缝为 0.5 mm,吸收狭缝为 0.15 mm。扫描的角度范围为 35°～140°,对有衍射峰的角度范围进行分段测量,步进为 0.02°,计数时间为 5 s。

定性 XRD 试验在 Rigaku D/max-γA 型 X 衍射仪上进行。采用 CuK_{α} 辐射管压为 50 K,管流为 100 mA,扫描速度为 4°/min。X-射线衍射的仪器宽化由标准 SiO_2 标样校正。

6.1.3 性能试验方法

1. 显微硬度测量

硬度是衡量材料对塑性变形的抗力大小的一个指标。本试验采用静态压痕法测量样品的显微硬度,设备为 FM-700 显微硬度测量仪,载荷为 10 g,时间为 10 s,并在焊接接头的横截面上测量由表面到心部的硬度变化,测量点示意图如图 6.4 所示。超音速颗粒轰击后,用金刚石抛光膏将轰击面抛成镜面,在该面直接测量显微硬度,不同深度的显微硬度采用逐层剥离法。采用化学腐蚀的方法,进行逐层剥离。通过改变腐蚀时间,达到控制剥离深度。

图 6.4 焊接接头显微硬度测量点示意图

腐蚀液成分:

$H_2SO_4(\rho=1.84\ g/cm^3)$	230 mL
$HCl(\rho=1.19\ g/cm^3)$	70 mL
$HNO_3(\rho=1.40\ g/cm^3)$	40 mL
H_2O	660 mL

腐蚀液温度 T 为 57 ℃。

2. 拉伸试验

0Cr18Ni9Ti 奥氏体不锈钢和 16MnR 低合金钢焊接接头拉伸试验是在 DCS-25T 试验机上进行,焊接接头拉伸试样尺寸如图 6.5 所示。

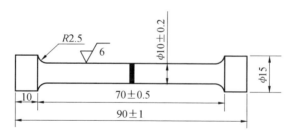

图 6.5　焊接接头拉伸试样尺寸(mm)

通过拉伸试验,可以看到焊接接头断裂位置和断口形貌,并进一步检测纳米化工艺对拉伸性能的影响,测得的屈服强度作为选择抗 H_2S 应力腐蚀拉应力的参考指标,然后对断口用扫描电子显微镜进行观察分析。

3. 弯曲试验

0Cr18Ni9Ti 奥氏体不锈钢和 16MnR 低合金钢焊接接头弯曲试验是在 AMSLER/MT1-001 试验机上进行,焊接接头弯曲试样尺寸如图 6.6 所示,本试验是焊接接头的侧弯试验,由于试样宽度 $a = 12$ mm < 16 mm,所以弯心直径 d 取 $2a$,即使用二倍于试样厚度的压头进行侧弯试验。通过弯曲试验观察裂纹源的产生和变化,进而对纳米化焊接接头和未被轰击处理的接头进行比较,检测纳米化工艺对弯曲性能的影响。

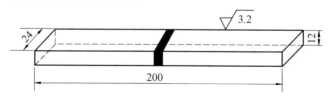

图 6.6　焊接接头弯曲试样尺寸(mm)

4. 残余应力测量

残余应力是在理学 MSF-2903X 射线应力分析仪上进行,试验采用 Cr 靶,管压为 30 kV,管流为 10 mA,采用逐层剥离法测量残余应力沿厚度方向的分布,对不锈钢采用侧倾法测量,Φ_0 分别为 0°、25°、35° 和 45°,应力常数为 −670 MPa/(°),起始角度为 120° ~ 136°,扫描速度为 2.00 (°)/min,腐蚀溶液为 20 mL HNO_2 + 5 mL H_2O_2;16MnR 钢采用普通测量方法,应力常数为 −318 MPa/(°),起始角度为 152° ~ 162°,扫描速度为 2.00 (°)/min,腐蚀溶液为 10% HNO_3 水溶液,由 $\sin^2\psi$ 法确定残余应力的大小。两种材料取样都是焊缝处,垂直焊缝方向测量。

5. 抗应力腐蚀试验

本试验采用的试样尺寸如图 6.7 所示,属于非标准试样尺寸。根据金属抗硫化物应力腐蚀开裂(Stress Corrosion Cracking, SCC),恒负荷拉伸试验方法标准(GB 4157—1984),试样两边过渡圆弧段用硅橡胶封牢,以防在此处产生应力集中。拉伸试验采用恒载荷设备进行,试样周围的密封是电绝缘和气密的,在试样位移时,密封产生的摩擦力小得可以忽略不计。在试验开始前用 N_2 排除容器中的 O,并在试验期间保证空气不进入容器,在 H_2S 的流出线上装一个小型出口捕集器,并在试验容器内保持正压力,以防止 O 通过小漏隙或从排气管线扩散进入容器。腐蚀溶液:将 50 g 氯化钠和 5 g 冰醋酸溶于 945 mL 水中,初始酸度值 pH 接近 3,试验期间 pH 可能增加,但不超过 4.5,试验溶液的温度应保持在(21±3)℃,试验容器净化后,注意加载,不得超过拟定的加载水平,立即将脱除空气的溶液注入试验容器,然后用 100 ~ 200 mL/min 的流速通入 H_2S 10 ~ 15 min,使溶液为 H_2S 所饱和,并记录试验开始时间。在试验期间必须保持 H_2S 继续流通,以每分钟几个气泡的速度通过试验容器和出口捕集器,这样既保持 H_2S 浓度,又保持一个小的正压,从而防止空气通过漏隙进入试验容器。每组试验共四个样品,七天换一次溶液。试样断裂后观察断口宏观形貌,并用 EDTA(乙二氨四乙酸二钠溶液)和丙酮使用超声波振荡器进行清洗,时间大约为十分钟左右,然后利用扫描电子显微镜观察其断裂源和断裂特征。

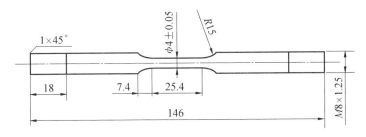

图 6.7　焊接接头 H_2S 应力腐蚀(SCC)试样尺寸(mm)

恒负荷拉伸应力腐蚀试验设备示意图如图 6.8 所示,恒载荷拉伸试验在国产 P-1500 型应力腐蚀试验机上进行。衡量应力腐蚀敏感程度的参数有样品的断面收缩率(ROA,%)、延伸率(Elongation,%)、断裂时间(TTF)、应力-应变曲线上的最大载荷(σ_{max})和单位体积破断功(W)等。本试验以综合参数(断裂时间、载荷)评价材料的应力腐蚀敏感性。

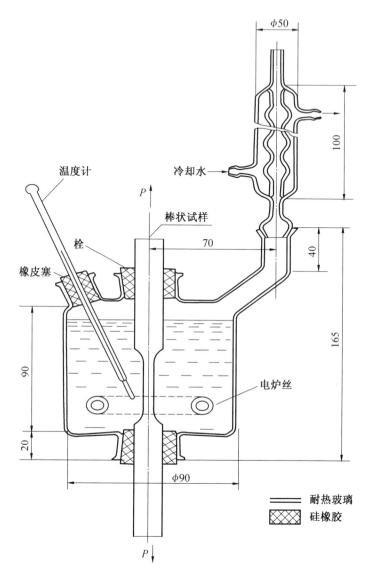

图 6.8　恒负荷拉伸应力腐蚀试验设备示意图(mm)

6.2　焊接接头表面纳米化的结构表征

6.2.1　工艺参数对颗粒速度的影响

表面纳米化工艺主要是利用压缩气体喷出枪体时在距离喉部约 1/3 处产生负压,颗粒在负压的作用下通过自吸式喷嘴与压缩气体一起高速运动达到基体表面,颗粒高速运动轰击基体表面,大约有 1/3 动能转变为热能,在高速动能与热能的作用下,基体表面产生强烈塑性变形,在基体表面形成压应力。表面纳米化系统由高压气源、气体调节控制系统、颗粒输送系统和自吸式喷枪系统四部分构成,表面纳米化系统结构示意图如图 6.9 所示。

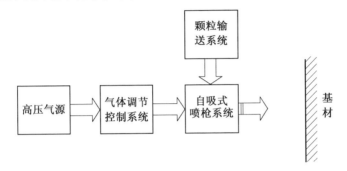

图 6.9　表面纳米化系统结构示意图

颗粒速度是实现表面纳米化重要工艺参数之一,对于喷枪系统,本节采用 Laval 喷嘴,其示意图如图 6.10 所示。

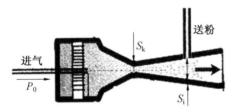

图 6.10　Laval 喷嘴进气和送粉结构示意图

其中 Laval 喷嘴产生超音速并能保证送粉流畅的条件公式为

$$\frac{S_i}{S_k} \geqslant 1.3P_0 + 0.8 \tag{6.1}$$

式中,S_i 为超音速喷枪喷嘴和送粉管道交叉处横截面的面积;S_k 为超音速喷嘴喉部的面积;P_0 为喷枪入口的压力(MPa)。

经 Laval 喷嘴加速后的射流为气固双相流,射流中含有气体和固态颗粒两种流体,因此射流有双相流的特征,颗粒和气流之间进行动量和热量交换。由射流特征可知,颗粒受力主要为拖曳力。拖曳力取决于气流与颗粒之间的相对速度,当气流大于颗粒速度时,拖曳力与颗粒速度同向,对颗粒起加速作用;当气流速度小于颗粒速度时,拖曳力与颗粒速度反向,对颗粒起减速作用。沿轴线方向飞行的颗粒很大程度反映了整个流场颗粒的速度变化。

由颗粒飞行速度公式:

$$\nu_p = \nu_g \sqrt{\frac{3\rho_g C_{drg} x}{\rho_d d}} \qquad (6.2)$$

式中,ρ_g 为气流密度;C_{drg} 为拖曳力系数;ρ_d 为颗粒密度;d 为颗粒直径;x 为飞行距离。

设颗粒开始加速时,气流速度与颗粒速度相差很大。由牛顿阻力公式成立的区域:$700 < Re < 2 \times 10^5$,取 C_{drg} 为 0.44,代入式(6.2),当 $x > 18$ cm 时,$\nu_p = \nu_g$。在试验过程中,颗粒与气流拖曳带距离为 20 cm(大于 18 cm),可以认为喷嘴出口处颗粒速度与气流速度相同。

试验中使用芬兰 Oseir 公司的 Spray-watch2i 测试系统对颗粒速度进行测试,图 6.11 所示为激光测速仪的控制界面,测得的颗粒速度为 300 ~ 500 m/s。与理论计算速度相比,计算中忽略了影响颗粒运动规律的一些因素,如双相流、射流的扰动、轰击条件的不稳定、飞行过程中的摩擦等,但用一维定常流动来分析气流及射流状态对试验轰击过程中的参数优化是简便可行的。试验测量与简单计算结果均表明,颗粒轰击速度超过常温音速(340 m/s),实现颗粒速度从亚音速到超音速的突破,颗粒速度测试见表 6.3,其中颗粒尺寸为 35 μm。

图 6.11　激光测速仪的控制界面

使材料表层产生塑性变形应满足公式:

$$\frac{1}{2}mv^2 \geqslant \sigma_s \qquad (6.3)$$

式中,m 为颗粒质量;v 为颗粒飞行速度。

由已知材料的屈服强度计算临界速度,同时利用弧高仪测量阿尔门试片经轰击处理后的弧高强度,选取满足临界速度时的最大弧高强度作为最佳工艺参数。通过试验采取的工艺参数:选取的硬质颗粒为 α-Al_2O_3,尺寸为 20 ~

50 μm,气体温度为 100 ~ 110 ℃,气体压力为 1.5 MPa,轰击距离为 30 mm,轰击时间为 300 s,送粉量约为 2.15 mL/s。

表6.3　颗粒速度试验值与计算值对比

试验号	轰击时间 /min	轰击距离 /mm	气体压力 /MPa	弧高强度 /mm	颗粒速度/(m·s⁻¹)	
					计算值	试验值
1	1	20	1.5	0.223	451	434
2	3	25	1.5	0.255	438	429
3	5	30	1.5	0.346	422	418
4	7	35	1.5	0.258	407	389
5	1	20	1.6	0.249	467	443
6	3	25	1.6	0.288	448	425
7	5	30	1.6	0.316	420	405
8	7	35	1.6	0.280	411	403
9	1	20	1.7	0.265	470	451
10	3	25	1.7	0.274	449	427
11	5	30	1.7	0.311	432	413
12	7	35	1.7	0.275	417	408
13	1	20	1.8	0.279	478	452
14	3	25	1.8	0.327	444	421
15	5	30	1.8	0.335	426	419
16	7	35	1.8	0.298	417	410

6.2.2　表面纳米化的微观结构

1. 金相显微镜观察

图 6.12 所示为超音速颗粒轰击不锈钢焊接接头横截面金相照片,三个区域(不锈钢焊接接头的母材、热影响区(Heat Affected Zone, HAZ)和焊缝)的组织截然不同,母材由单相奥氏体组成(图6.12(a));热影响区由奥氏体和粒状铁素体组成(图 6.12(b));焊缝由奥氏体和树枝状的铁素体组成(图6.12(c))。从图6.12 可以看出,微观结构都发生变化,母材的变形层深度约为 70 μm;热影响区的变形层深度约为 65 μm;焊缝的变形层深度约为 60 μm,而且晶粒尺寸由表及里逐渐增大。

图 6.13 所示为超音速颗粒轰击 16MnR 钢焊接接头横截面金相照片,三个区域(16MnR 焊接接头的母材、热影响区和焊缝)的组织截然不同,母材由等轴状铁素体和片状珠光体组成(图6.13(a));热影响区由铁素体和珠光体组成(图 6.13(b));焊缝由先共析铁素体和针状铁素体以及少量的珠光体组成

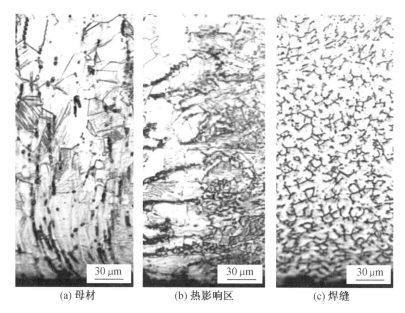

(a) 母材　　　　　　　(b) 热影响区　　　　　　(c) 焊缝

图 6.12　超音速颗粒轰击不锈钢焊接接头横截面金相照片

（图 6.13（c））。从图 6.13 可以看出，微观结构都发生了变化，母材的变形层深度约为 90 μm；热影响区的变形层深度约为 80 μm；焊缝的变形层深度约为 70 μm，而且晶粒尺寸由表及里逐渐增大。

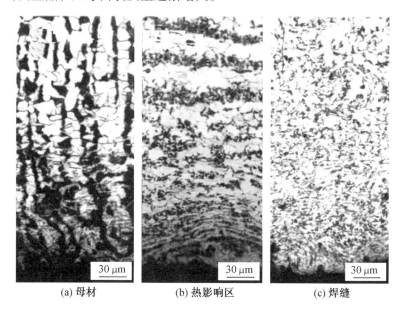

(a) 母材　　　　　　　(b) 热影响区　　　　　　(c) 焊缝

图 6.13　超音速颗粒轰击 16MnR 钢焊接接头横截面金相照片

　　16MnR 钢比 0Cr18Ni9Ti 钢的变形层稍宽,主要是由于 16MnR 钢比 0Cr18Ni9Ti 钢的硬度低,材料易产生塑性变形,塑性变形是由表及里逐渐向样品中心推进的,也就是说,试样显微组织沿深度方向的变化反映了试样表层粗晶纳米化的过程。

2. 电子显微镜观察

　　金相显微镜只能观察材料表面到内部存在一个变形层,但由于其放大倍数限制,无法观察变形层的晶粒尺寸。为了直观地观察样品表层纳米晶粒尺寸和形貌,利用透射电子显微镜对不锈钢和 16MnR 钢焊接接头表面层的微观结构进行观察。

　　图 6.14、图 6.15、图 6.16 分别为不锈钢焊缝、热影响区和母材表面层的透射电子显微镜的暗场、明场、选区电子衍射照片以及对暗场照片分析得到的晶粒分布图。从图 6.14(a)(b)、6.15(a)(b)、6.16(a)(b)可以观察到经过超音速颗粒轰击处理后,样品的表层晶粒细化至纳米量级,而且晶粒是等轴的。从图6.14(c)、6.15(c)、6.16(c)可以观察到样品的衍射斑点呈圆环形分布,表明选区衍射内分布着大量晶粒,而且相邻晶粒之间具有随机的大角度晶体学取向差,从衍射图还可以发现衍射环不止一套。

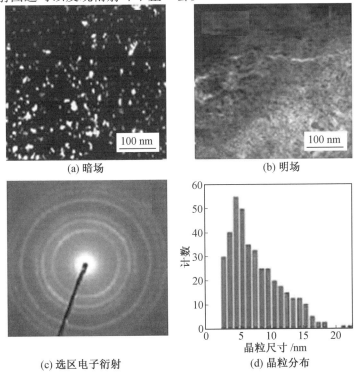

(a) 暗场　　　　　　　　　　　(b) 明场

(c) 选区电子衍射　　　　　(d) 晶粒分布

图 6.14　超音速颗粒轰击不锈钢焊缝的透射电子显微镜照片

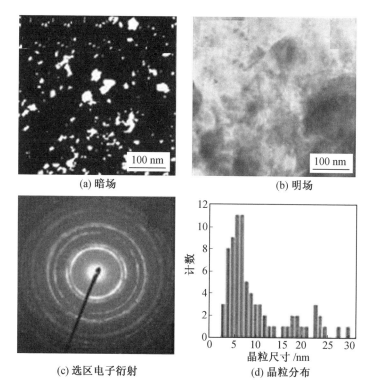

(a) 暗场　　　　　　　　　　　　(b) 明场

(c) 选区电子衍射　　　　　　　(d) 晶粒分布

图 6.15　超音速颗粒轰击不锈钢热影响区的透射电子显微镜照片

测量不同衍射环的直径,由衍射公式:

$$d = \frac{L\lambda}{R} \tag{6.4}$$

其中

$$\lambda = \sqrt{\frac{150}{E}} \tag{6.5}$$

式中,d 为晶面间距;L 为相机常数;λ 为电子的波长(Å);R 为衍射斑点半径;E 为电子的加速电压。

JEM-2000FX Ⅱ 透射电子显微镜的加速电压 200 kV,相机常数为 80 cm,经计算电子的波长 $\lambda = 0.027\ 3$ Å,经修正为 0.025 1 Å,电子衍射仪器常数 $L\lambda = 20.08$ mm·Å。计算得出不锈钢焊缝衍射面从内向外各晶面对应的晶面间距见表 6.4,其中2.068 Å,1.771 Å,1.250 Å,1.089 Å,1.042 Å 分别对应奥氏体的(111)、(200)、(220)、(311)和(222)晶面,而 2.021 Å,1.431 Å,1.151 Å,1.021 Å,0.897 Å 和 0.861 Å 不属于奥氏体的衍射环,与马氏体的晶面间距一致,说明在处理过程中发生了奥氏体向马氏体的相变。

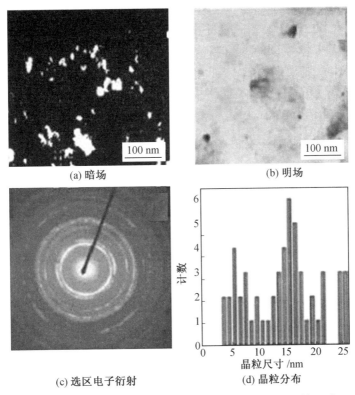

(a) 暗场　　　　　　　　　　　　(b) 明场

(c) 选区电子衍射　　　　　　　(d) 晶粒分布

图 6.16　超音速颗粒轰击不锈钢母材的透射电子显微镜照片

表 6.4　不锈钢焊缝衍射面从内向外各晶面对应的晶面间距

编号	$D = 2R$ /mm	半径 R /mm	直径 d /Å	列表值/Å 奥氏体	列表值/Å 马氏体
1	19.4	9.7	2.068	(111) 2.07	—
2	19.8	9.9	2.021	—	(110) 2.026 8
3	22.7	11.35	1.771	(200) 1.80	—
4	28	14	1.431	—	(200) 1.433 2
5	32.1	16.05	1.250	(220) 1.270	—
6	34.9	17.45	1.151	—	(211) 1.170 2
7	36.9	18.45	1.089	(311) 1.083	—
8	38.5	19.25	1.042	(222) 1.037	—
9	39.3	19.65	1.021	—	(220) 1.013 4
10	44.8	22.4	0.897	—	(310) 0.906 4
11	46.6	23.3	0.861	—	(222) 0.827 5

　　从图 6.14(d)中可以看出,经轰击处理后的焊缝表面层最小晶粒尺寸为
2.5 nm,最大晶粒尺寸为 29 nm,计算平均晶粒尺寸为 9.5 nm。

　　从图 6.15(d)中可以看出,经轰击处理后的热影响区表面层最小晶粒尺寸
为 2 nm,最大晶粒尺寸为 22.5 nm,计算平均晶粒尺寸为 7.6 nm。

　　从图 6.16(d)中可以看出,经轰击处理后的母材表面层最小晶粒尺寸为
3.5 nm,最大晶粒尺寸为 25 nm,计算平均晶粒尺寸为 14.2 nm。

　　图 6.17~6.19 分别为超音速颗粒轰击 16MnR 焊缝、热影响区和母材表面
层的透射电子显微镜的暗场、明场、选区电子衍射照片以及对暗场照片分析得
到的晶粒分布图。

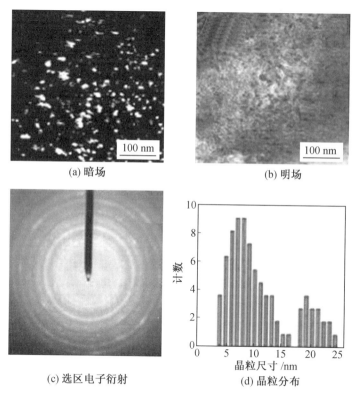

(a) 暗场　　　　　　　　　　　　　　(b) 明场

(c) 选区电子衍射　　　　　　　　　　(d) 晶粒分布

图 6.17　超音速颗粒轰击 16MnR 焊缝的透射电子显微镜照片

　　从图 6.17(a)(b)、图 6.18(a)(b)、图 6.19(a)(b)中可以观察到经过超
音速颗粒轰击处理后,样品的表层晶粒细化至纳米量级,且晶粒是等轴的。由
图 6.17(c)、图 6.18(c)、图 6.19(c)可以观察到样品的衍射斑点呈圆环形分
布,表明选区衍射内分布着大量晶粒,而且相邻晶粒之间具有随机的大角度晶
体学取向差。

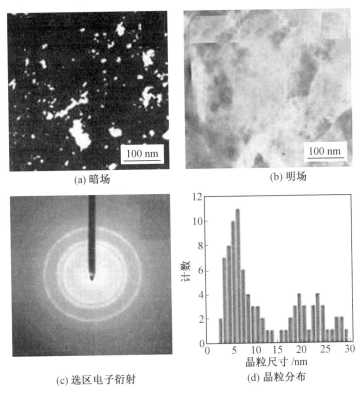

(a) 暗场　　　　　　　　　　　　　(b) 明场

(c) 选区电子衍射　　　　　　　　(d) 晶粒分布

图6.18 超音速颗粒轰击16MnR热影响区的透射电子显微镜照片

Philips EM 420 透射电子显微镜加速电压为 100 kV，相机常数为 66 cm，计算并修正得衍射仪器常数为 $L\lambda = 24.9$ mm·Å，计算得衍射面从内向外各晶面对应的晶面间距见表 6.5，其中 2.008 1 Å，1.431 0 Å，1.163 6 Å，1.016 3 Å，0.895 7 Å，0.827 2 Å，0.778 1 Å，0.713 5 Å，分别对应铁素体的（110）、（200）、（211）、（220）、（310）、（222）、（321）和（400）晶面。

表6.5 16MnR 钢焊缝衍射面从内向外各晶面对应的晶面间距

编号	$D = 2R$/mm	半径 R/mm	直径 d/Å	列表值/Å 铁素体	
1	24.8	12.4	2.008 1	（110）	2.027
2	34.8	17.4	1.431 0	（200）	1.433
3	42.8	21.4	1.163 6	（211）	1.170
4	49	24.5	1.016 3	（220）	1.013
5	55.6	27.8	0.895 7	（310）	0.906

续表 6.5

编号	$D=2R$/mm	半径 R/mm	直径 d/Å	列表值/Å 铁素体
6	60.2	30.1	0.827 2	(222)　0.828
7	64	32	0.778 1	(321)　0.766
8	69.8	34.9	0.713 5	(400)　0.717

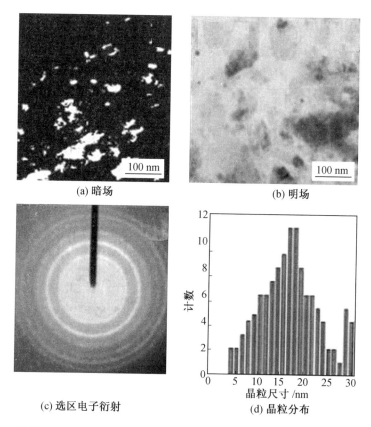

(a) 暗场　　　　　　　　(b) 明场

(c) 选区电子衍射　　　　(d) 晶粒分布

图 6.19　超音速颗粒轰击 16MnR 母材的透射电子显微镜照片

从图 6.17(d)中可以看出,经轰击处理后的焊缝表面层最小晶粒尺寸为 2.5 nm,最大晶粒尺寸为 29.5 nm,计算平均晶粒尺寸为 12.1 nm。

从图 6.18(d)中可以看出,经轰击处理后的热影响区表面层最小晶粒尺寸为 3 nm,最大晶粒尺寸为 23.5 nm,计算平均晶粒尺寸为 11.8 nm。

从图 6.19(d)中可以看出,经轰击处理后的母材表面层最小晶粒尺寸为 3.5 nm,最大晶粒尺寸为 24.5 nm,计算平均晶粒尺寸为 13.8 nm。

图 6.20 所示为两种材料焊缝表面的暗场透射电子显微镜照片,观察图 6.20 可以发现,部分晶粒尺寸的分布是不均匀的,在一个较大晶粒的附近分布较小的晶粒,说明晶粒碎化过程中存在择优取向问题。造成该现象是由于多晶体各个晶粒取向不同,在受到外力时,某些取向有利的晶粒先开始滑移变形,而取向不利的晶粒可能处于弹性变形状态,只有继续增加外力才能使滑移从某些晶粒传播到另外一些晶粒,并不断传播下去,从而产生宏观可见的塑性变形。由于两种钢材都是合金材料,晶粒彼此之间力学性能的差异,以及各个晶粒之间的应力状态的不同(因各晶粒取向不同所致),取向有利或产生应力集中的晶粒首先产生塑性变形,因此,晶粒变形存在不同时性(存在择优取向),从而造成部分晶粒尺寸的不均匀性。

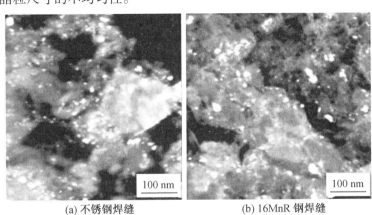

(a) 不锈钢焊缝　　　　　　　(b) 16MnR 钢焊缝

图 6.20　两种材料焊缝表面的暗场透射电子显微镜照片

3. X 射线衍射分析

图 6.21 所示为不锈钢焊接接头原始样品经超音速颗粒轰击处理后,焊缝、热影响区和母材对比的样品表面 X 射线衍射结果。图 6.22 所示为 16MnR 低合金钢焊接接头原始样品经超音速颗粒轰击处理后,焊缝、热影响区和母材对比的样品表面 X 射线衍射结果。从图中可以看出,与原始样品的粗晶相比,轰击处理后的样品 Bragg 衍射峰明显宽化,Bragg 衍射峰宽化是由晶粒细化宽化、微观应力宽化和仪器宽化三者叠加的结果,所以 Bragg 衍射峰的线形也是由这三种宽化峰的线形决定的。试验结果已经证明,晶粒细化宽化峰符合 Lorentz 函数,微观应力宽化峰符合 Gauss 函数。由于仪器宽化对不同样品的作用相同,所以可以不考虑仪器宽化的作用。仔细观察 Bragg 衍射峰可以发现,各个晶面的宽化程度不同,主要是由于各个晶面位错运动的点阵阻力(即派–纳力)不同,导致各个晶面滑移的难易程度不同,使各个晶面的碎化效果和微观应力不一样,结果反映在 Bragg 衍射峰宽化程度不同。由此可见,超音速颗粒轰击处理后,样品的晶粒尺寸和微观应力发生很大的变化。

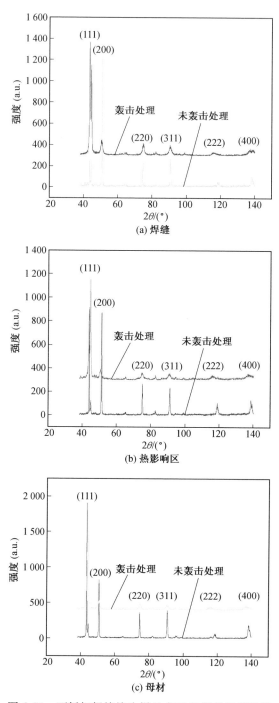

图 6.21　不锈钢焊接接头样品表面 X 射线衍射结果

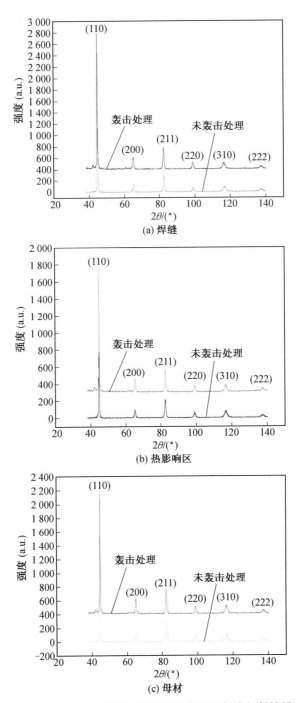

图 6.22　16MnR 钢焊接接头样品表面 X 射线衍射结果

表6.6给出了超音速颗粒轰击前后0Cr18Ni9Ti奥氏体不锈钢焊缝和16MnR低合金钢焊缝表面X射线衍射峰的相对强度以及通过查卡片得出Fe的Bragg衍射峰的理论相对强度。通过比较0Cr18Ni9Ti奥氏体不锈钢焊缝的(111)、(200)、(220)、(311)、(222)和(400)六个表面X射线衍射峰的相对强度,明显可以看出,经过超音速颗粒轰击处理后,样品的(111)晶面强度大大加强。表明表层存在强烈的(111)织构,这是因为在轰击过程中,当轰击力(P)超过金属的屈服极限($\sigma_{0.2}$)时,样品开始发生塑性变形,晶粒内部出现滑移和扭转。一般来说,金属原子的滑移容易在最密排面之间发生,密排晶面间距大,晶面间结合力较弱,而晶面上原子间距小且结合力较强。因此,在切应力作用下,晶面容易滑移。当塑性变形不断增加时,晶面开始转动。由于铁属于面心立方结构,(111)为最密排面,在轰击的压应力作用下,(111)晶面趋向于平行表面方向排列,从而使轰击后的样品表面具有择优取向。同样在16MnR低合金钢焊缝超音速轰击表面纳米化的密排面(110)和(220)的Bragg衍射峰的相对强度增大,见表6.6。因此,对这一现象的深入研究有助于全面了解超音速颗粒轰击诱导表面纳米化的整个过程,尤其是对晶粒碎化过程的了解。

表6.6　超音速颗粒轰击处理的焊缝表面X射线衍射峰的相对强度

0Cr18Ni9Ti 不锈钢焊缝 I_{max}			16MnR 低合金钢焊缝 I_{max}		
（hkl）晶面	粗晶	SSPB 300s	（hkl）晶面	粗晶	SSPB 300s
(111)	100	100	(110)	100	100
(200)	27.2	27.3	(200)	9	0.7
(220)	15.9	15.1	(211)	21	1.6
(311)	11.8	15.6	(220)	13	12
(222)	4.9	7.2	(310)	14	1.1
(400)	1.6	2.9	(222)	4	0.2

从表6.6中还可以发现衍射峰的中心位置发生偏移。为了清楚地观察衍射峰中心的偏移,选取0Cr18Ni9Ti焊缝的(200)晶面的Bragg衍射峰,如图6.23所示。从图中可以看出,轰击处理的焊缝的Bragg衍射峰中心位置比未处理的衍射峰形向左发生偏移,该现象可能是超音速颗粒轰击样品的表面引入第Ⅰ类内应力(即宏观残余应力)和第Ⅱ类内应力(伪宏观应力)共同造成的,因为两者的存在可以引起各个微区晶面间距的变化,按Bragg定律,衍射峰中心也将发生相应的位移。对于衍射中心的振荡是由于织构的存在造成的,织构的存在使不同极距角方向采集的X射线照射体积内,参与衍射的晶粒群的衍

射面间距平均值的变化失去规律性,反映在衍射角上就是衍射中心的变化出现波动。对此,本节更倾向于是因微区塑性变形不均匀而产生的第Ⅱ类内应力造成的衍射峰的附加角位移产生大的振荡。

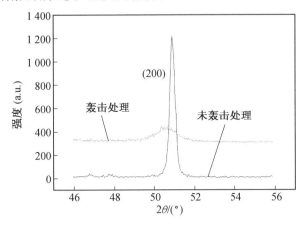

图 6.23　0Cr18Ni9Ti 焊缝焊接接头表面 X 射线衍射比较

从表 6.6 中也可以发现,16MnR 低合金钢焊接接头处理后的衍射峰的中心位置向左发生偏移,但偏移量没有不锈钢的明显,为了清楚地观察衍射峰中心的偏移,选取 16MnR 钢焊缝(200)晶面的 Bragg 衍射峰,如图 6.24 所示。随着深度增加,第Ⅰ类内应力和第Ⅱ类内应力逐渐减小,各个微区晶面间距的变化减小。根据 Bragg 定律,衍射峰中心将发生相应的趋向与平衡位置。

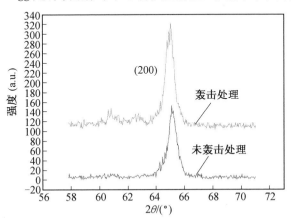

图 6.24　16MnR 焊接接头表面 X 射线衍射

对于不锈钢的 X 射线衍射峰在标定过程中,除了奥氏体外,还发现有其他新相出现。根据 Bragg 方程,计算得到其晶面间距,对照卡片确定是马氏体相,可能是由于 0Cr18Ni9Ti 亚稳定奥氏体相受到高速颗粒的撞击,发生强烈塑性变形导致应变诱发相变。由于该不锈钢含有较多的铬,且含有一定量的锰,因此固溶处理后具有较低的层错能,致使形变过程中利于层错的形成。有观点认为,层错可视为马氏体相的晶胚,导致在轰击过程中马氏体的形成,通过透射电子显微镜衍射环计算和采用 X 射线法对不锈钢焊缝残余应力测量过程中出现的衍射线形变化的试验,进一步证实有马氏体的形成。

4. 晶粒尺寸

根据 Scherrer 和 Wilson 的公式,扣除仪器宽化效应后,晶粒尺寸和微观应变可以从物理宽化峰的积分宽度 β 计算出:

$$\frac{\beta_{hkl}^2}{\tan \theta_{hkl}} = \frac{\lambda \beta_{hkl}}{d_{hkl} \tan \theta_{hkl} \sin \theta_{hkl}} + (\varepsilon_{hkl}^2)^{\frac{1}{2}} \tag{6.6}$$

式中,λ 为 CuKα1 的波长;θ_{hkl} 为晶面(hkl)的 Bragg 衍射角;d_{hkl} 和 $<\varepsilon_{hkl}^2>^{1/2}$ 为沿晶面(hkl)垂直反向上的平均晶粒尺寸和平均原子微观畸变。

图 6.25 所示为两种焊缝经轰击后的平均晶粒尺寸随深度的变化。从图中可以发现,经过超音速颗粒轰击处理,样品表面层平均晶粒尺寸达到纳米量级(0Cr18Ni9Ti 为 22 nm、16MnR 为 20 nm);随着深度的增加,晶粒逐渐增大(0Cr18Ni9Ti 为 30 nm、16MnR 为 35 nm);随着深度的进一步增加,平均晶粒尺寸继续增加(0Cr18Ni9Ti 为 94.8 nm、16MnR 为 89.4 nm)。由此可见,晶粒尺寸沿深度方向逐渐增大,这是由于高速颗粒撞击样品表面时,样品的塑性变形只是发生在撞击点周围的局部区域,离撞击点越远,塑性变形越小,位错密度越低,从而造成晶粒尺寸随深度的增加呈现梯度型变大,类似现象在其他纳米晶体材料中也可以观察到。

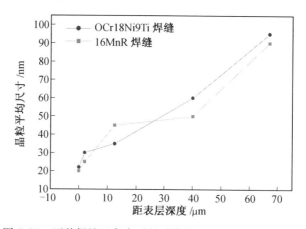

图 6.25　两种焊缝经轰击后的平均晶粒尺寸随深度的变化

微观应变是指晶粒与晶粒间、镶嵌块间或某些微变区域之间受到压应力或张应力的作用而产生的弹性变形,其大小和方向呈统计性分布,在较大的宏观尺寸范围内,平均值为零。两种钢材焊接接头轰击处理后,由式(6.6)计算的微观应变为 0.1% ~0.5%,微观应变不像宏观残余应力涉及较大范围,也不同于单个原子或几个原子脱离平衡位置(如热震动)导致的亚微观应变。

晶粒细化过程可能是一个动态过程,随着轰击的进行,样品表面温度升高,导致晶粒长大。但长大后晶粒尺寸仍然比较小,这可能是两方面原因造成的,一方面温度升高使已细化的晶粒长大,另一方面超音速颗粒轰击造成材料表面层发生强烈塑性变形,使长大的晶粒继续细化,两者之间达到一个动态平衡。也就是说,轰击导致样品表面严重塑性变形引入的缺陷(位错)产生和这些缺陷热恢复过程之间达到动态平衡,在某一温度时,位错增殖、运动和重排导致晶粒细化达到一定值,宏观表象为晶粒尺寸不再发生变化;随着轰击进一步进行,表面层的平均晶粒尺寸增加可能是由于纳米层有一定的深度;达到一定程度时,深度不再继续增加,但轰击继续进行,颗粒对表面的反复轰击造成了冲蚀,将最表层剥离掉,使亚表层裸露出来,造成检测的晶粒尺寸较大。

5. 晶粒碎化物理模型

近年来强烈塑性变形法已广泛用于纳米材料的制备,但其导致晶粒细化过程及纳米化机制尚不清楚。H. J. Fecht 提出机械研磨导致晶粒细化的基本过程包括三个阶段:①开始阶段,晶粒内部位错密度迅速升高;②达到一定的应变量时,高密度的位错发生运动、重排、湮灭形成小角度晶界,从而将大尺寸晶粒分割为纳米量级的体积元(亚晶粒);③随着机械研磨的进行,亚晶粒之间的取向变得完全随机,即由小角度晶界逐步转化为大角度晶界,这时机械研磨过程引入的应变能不再使晶粒细化,而是驱动亚晶粒转动和晶界滑动。

超音速颗粒轰击是以超音速气流作为载体,携带大量颗粒以极高的速度反复轰击金属表面,使表面发生强烈塑性变形,导致晶粒细化直至纳米量级。其过程大致是,当单个高速颗粒轰击金属表面时,轰击部位发生辐射状流变,当轰击力(P)超过金属的屈服极限($\sigma_{0.2}$)时形成不可逆的永久性微凹坑,其下形成塑性变形层。由于塑性变形传播的滞后,塑变往往集中在接触表面附近,随着轰击次数的增加,样品表层塑变积累到相当大的程度,会产生高密度的位错,位错在晶界附近大量堆积造成很大的应力集中,使相邻的晶粒发生滑移。随着应力的加大,参与滑移变形的晶粒越来越多,形变更加复杂,不仅各个晶粒的形变不同,即使在同一晶粒内,由于周围晶粒的约束作用以及受周围晶粒形变的制约,在晶粒内各个区域的形变量可能不同,在各个区域内运动的滑移系也可能各不相同。随着形变增大出现更多滑移,如图 6.26 所示。

在一个晶粒内不同的区域有不同的滑移系在运动,各个区域的旋转方向和程度各不相同。变形组织内大量位错发生反应,异号位错消失,同号位错重组

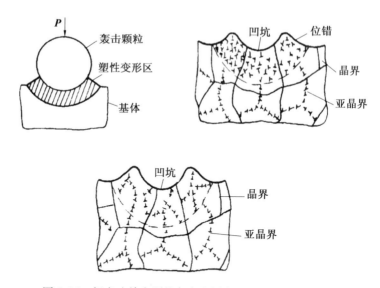

图 6.26　超音速单个颗粒轰击金属表面塑性形变示意图

产生小角度晶界的亚晶粒,随着变形量的增加,亚晶粒中的位错密度继续增加,再次发生位错反应和位错重组,使得亚晶粒裂解成纳米晶,多次重复这一过程使金属材料表层纳米化,由表及里,轰击力的逐渐减弱,塑性变形程度相应变小,晶粒纳米化的尺寸相应增大。

第7章 材料表面纳米化性能

7.1 纳米化性能试验

7.1.1 力学性能试验

1. 显微硬度

硬度是用来衡量固体材料软硬程度的力学性能指标。利用超音速颗粒轰击使材料表面晶粒细化,根据 Hall-Petch 关系可知,其表面硬度可大幅度提高。

图 7.1 所示为不锈钢接头轰击处理后显微硬度随深度变化。从图中可以看出,表层的母材、热影响区和焊缝三个区域硬度趋于一致,随着深度的增加而逐渐减小,减小到一定数值后趋于稳定,未处理的三个区域硬度差异较大。硬度变化区域至少为 50 μm,不锈钢的母材、焊缝和热影响区轰击处理的表层显微硬度分别为 HV560、HV565 和 HV573,未轰击处理的心部显微硬度分别为 HV238、HV247 和 HV270,母材、焊缝和热影响区表层的显微硬度比其心部高 2 倍以上。

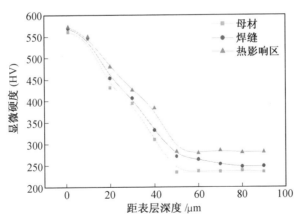

图 7.1 不锈钢接头轰击处理后显微硬度随深度变化

16MnR 接头轰击处理后显微硬度随深度变化如图 7.2 所示。从图中可以看出,表层三个区域显微硬度趋于一致,随着深度的增加而逐渐减小,减小到一定数值后趋于稳定,未处理的三个区域显微硬度差异较大。硬度变化区域至少为 50 μm,16MnR 的母材、焊缝和热影响区轰击处理的表层显微硬度分别为

HV452、HV458 和 HV472,未轰击处理心部的显微硬度分别为 HV212、HV221和 HV230,母材、焊缝和热影响区表层的显微硬度比其心部高 2 倍以上。距离表层越近,三个区域焊缝的显微硬度值越接近,从而使焊接接头表层得到硬度均一化。

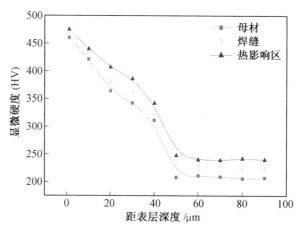

图 7.2　16MnR 接头轰击处理后显微硬度随深度变化

显微硬度与 $d^{-1/2}$(d 为晶粒尺寸)之间成正比关系,其表达式为

$$H=A+Bd^{-\frac{1}{2}}$$

(7.1)

式中,A 为 157.68;B 为 1 092.75。

显然显微硬度和晶粒尺寸之间满足传统的 H-P 关系,与其他超细晶材料的力学性能研究结果相符,因此可以确定表面纳米化对材料的强化有一定的贡献。

金属的强化主要有固溶强化、第二相强化、加工强化和细晶强化。固溶强化来源于溶质原子与位错的长程和短程交互作用,第二相强化来源于第二相与位错的交互作用,加工强化来源于晶粒内部位错之间的相互作用,细晶强化来源于晶界对位错的阻挡作用。

四种强化机制对显微硬度的提高可能有一定的贡献。在本试验条件下,样品不存在引入其他元素,因此固溶强化的贡献可以忽略。从 X 衍射和透射电子显微镜照片观察 0Cr18Ni9Ti 发现部分奥氏体转化成马氏体,而 16MnR 中没有发现部分奥氏体转化成马氏体,因此第二相强化的贡献也有限。类似普通喷丸,加工强化对材料强度的贡献是有限的,不会产生质的飞跃。因此可以确定样品硬度的大幅度增加是由表层晶粒纳米化引起的。晶粒大小的影响是晶界影响的反映,因为晶界是位错运动的障碍,在一个晶粒内部,必须塞积足够数量的位错才能提供必要的应力,使相邻晶粒中的位错源开动并产生宏观可见的塑性变形。因而减少晶粒尺寸将增加位错运动障碍的数目,减少晶粒内位错塞积群的长度,使强度获得提高。

2. 拉伸试验

从表 7.1 中看出,0Cr18Ni9T1 和 16MnR 焊接接头经超音速颗粒轰击处理比未被处理的抗拉强度和屈服强度略有提高,而且部分断裂源由焊缝转移到母材,这是表层组织均一化的结果。

表 7.1　0Cr18Ni9T1 和 16MnR 焊接接头拉伸性能的比较

试样名称	检验项目	试样编号	试验室温度/℃	抗拉强度 R_m /(N·mm^{-2})	屈服强度 σ_s /(N·mm^{-2})	断裂位置
焊接接头	拉伸	0Cr18Ni9T1 未轰击处理	21	635	505	断焊缝
焊接接头	拉伸	0Cr18Ni9T1 未轰击处理	21	640	502	断焊缝
焊接接头	拉伸	0Cr18Ni9T1 轰击处理	21	645	510	断焊缝
焊接接头	拉伸	0Cr18Ni9T1 轰击处理	21	650	508	断母材
焊接接头	拉伸	16MnR 未轰击处理	21	530	368	断焊缝
焊接接头	拉伸	16MnR 轰击处理	21	545	372	断母材
焊接接头	拉伸	16MnR 轰击处理	21	540	370	断焊缝

图 7.3 所示为 0Cr18Ni9Ti 奥氏体不锈钢焊接接头拉伸断口形貌,从图中可以看出不锈钢的拉伸断口既有河流花样特征,又有韧窝断裂特征,说明 0Cr18Ni9Ti 奥氏体既有韧性断裂,又有脆性断裂。

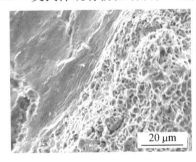 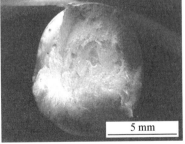

图 7.3　0Cr18Ni9Ti 奥氏体不锈钢焊接接头拉伸断口形貌

图 7.4 所示为 16MnR 低合金钢焊接接头拉伸断口形貌,从图中可以看出低合金钢的拉伸断口是韧窝断裂,属于韧性断裂,低倍照片有缩颈现象产生。

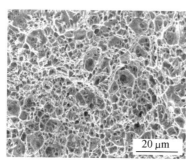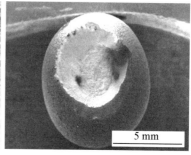

图 7.4　16MnR 低合金钢焊接接头拉伸断口形貌

3. 弯曲试验

本试验中对 0Cr18Ni9Ti 奥氏体不锈钢和 16MnR 低合金钢焊接接头取样进行 180°侧弯试验,由于试样厚度 a 为 10 mm(小于 16 mm),所以弯心直径取 $d=2a$,用放大镜观察试样弯曲表面,结果显示经轰击处理和未轰击处理的两种试样都没有裂纹产生,表明纳米化后的试样弯曲性能未受到影响。对一般材料而言,随着硬度的提高,它的脆性增加,韧性降低。两种钢材经过超音速颗粒轰击后,在表面产生纳米晶层,硬度得到大幅度的提高,并得到硬度和组织的均一化,但弯曲试验中没有发现裂纹的产生,一方面说明焊接接头在焊接工艺上方法正确,另一方面说明表面纳米化并未显著降低该材料的韧性。

4. 残余应力分析

材料表层的残余应力状态对材料性能有显著影响,超音速颗粒轰击后焊缝表层残余应力的分布如图 7.5 所示。

显然经超音速颗粒轰击后,在两种钢表层皆产生了一个压力层。从图 7.5(a)中可以看出,不锈钢焊缝表层最大压应力达到 580 MPa,超过其屈服强度 σ_s,压应力层深度约为 360 μm;从图 7.5(b)中可以看出,16MnR 钢的最大压应力达到 370 MPa,达到其屈服强度 σ_s,压应力层深度约为 220 μm。而普通喷丸由于受到喷丸强度的限制,对于 45 号钢其残余应力最大值只能达到屈服强度的一半 $\sigma_s/2$,压应力层的深度随颗粒直径的变化有所差别。通过每次测量得到的半高宽逐渐减小,表明沿深度方向硬化逐渐降低。

关于残余应力的产生机理,一般认为在颗粒每次撞击力量的作用下,表面层会尽可能向四周展开,但是打底层材料阻止它这样做,于是在塑性变形层产生压应力。有研究对于颗粒轰击产生的压应力机理进行了详细分析,认为一个颗粒与待处理表面相互作用产生压痕,在压痕的中心部位产生拉应力,而压痕的周围产生压应力,轰击处理后表面产生均匀一致的压应力是压痕周围压应力叠加的结果,该研究只是定性的说明压应力产生的机理,没有说明压应力最大值及压应力的分布情况。

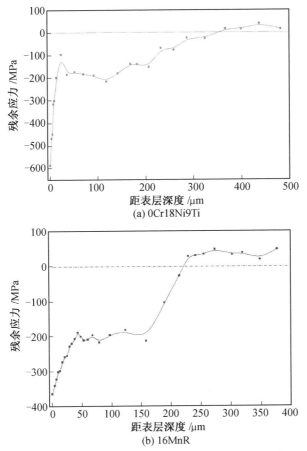

(a) 0Cr18Ni9Ti

(b) 16MnR

图 7.5　超音速颗粒轰击后焊缝表层残余应力的分布

7.1.2　耐腐蚀试验

1. 应力腐蚀开裂的特点

应力腐蚀开裂是指韧性材料在拉伸应力作用下在某些特定腐蚀介质中发生的脆性开裂,它的主要特点有以下三种。

(1)必须存在应力,特别是拉伸应力的存在。应力可以是外加的,也可以是制造或加工后内存的。拉伸应力越大,断裂所需时间越短。断裂所需应力通常低于材料的屈服强度。

(2)腐蚀介质是特定的。只有特定材料–介质的组合才会发生应力腐蚀开裂;无应力存在时,材料在这种介质中的腐蚀通常是轻微的。

(3)断裂速度均在 $10^{-8} \sim 10^{-5}$ m/s 范围内,远大于没有应力时的腐蚀速度,又远小于单纯力学因素引起的断裂速度,断口一般为脆断型。

2. 应力腐蚀开裂机理

由于发生应力腐蚀开裂的设备或材料通常是承受苛刻腐蚀条件的核心部件,而应力腐蚀开裂的发生又没有明显征兆,往往造成灾难性的后果,带来严重的经济损失和人员伤亡。经过多年的大量研究,许多学者提出了对应力腐蚀开裂机理的各种看法,这些理论主要包括通路电化学原理、膜破裂理论、氢脆理论和应力吸附破裂理论等。

(1)通路电化学原理。

通路电化学原理是迄今解释应力腐蚀开裂最有影响、最被人们广泛接受的理论,它由 Dix、Mears 和 Brown 等提出。这个理论强调电化学在腐蚀中的作用,认为合金中存在易于腐蚀的活性通路,在腐蚀环境中,沿着基本垂直拉应力的方向沿活性通路腐蚀,应力腐蚀裂纹尖端的表面膜,使裂纹不断扩展。这种理论可以解释许多合金的应力腐蚀现象,试验证实有不少合金存在活性通路,并且裂纹的确沿着活性通路扩展。但也有解释不同的情况,比如18-8不锈钢活性通路在晶界,而裂纹却是穿晶型的。因此活性通路的说法不够全面,而且这种理论显然不能解释应力腐蚀开裂的合金-介质的特殊组合,也不能解释某些非电解质中材料的 SCC,如钛合金在 CCl_4 中的开裂。

(2)膜破裂理论。

膜破裂理论的分支着重解释膜破裂对于合金表面裂纹的起源和扩展的作用。发生应力腐蚀的合金表面都覆盖一层耐蚀性较好的氧化膜,在应力作用下,膜局部破裂,造成有膜处和无膜处产生较大电位差,使无膜处金属快速溶解,然后再钝化。随着破裂和钝化的反复进行,裂纹即萌生并扩展,在此过程中金属的再钝化能力很重要,再钝化太快,裂纹不会扩展,再钝化太慢,只会生成点蚀坑,只有合适的再钝化速度才能使裂纹向纵深扩展。这种理论与其源理论一样不解释合金开裂的选择性,也有反例说明不生成钝化膜的材料也发生破裂。

(3)氢脆理论。

Evans 和 Edeleanu 认为由于腐蚀的阴极反应产生氢,氢原子扩散到裂纹尖端金属内部,使这一区域变脆,在拉应力下产生氢脆。尽管人们认为在应力腐蚀破裂中氢起重要作用,但具体机理看法却并不一致。有人认为许多条件下低碳钢沿晶应力腐蚀开裂肯定是阳极溶解机制,但对钢在 H_2S 溶液中及高强钢在所有水溶液中的应力腐蚀开裂的机理人们还是认为氢脆起主导作用。

(4)应力吸附破裂理论。

由于电化学理论不能妥善解释应力腐蚀过程中的一些现象,如环境选择性、破裂临界电位与腐蚀电位的关系等,Uhlig 提出应力吸附破裂理论,他认为应力腐蚀开裂一般不是由于金属的电化学溶解引起的,而是由环境中某些破坏性组合对金属内表面的吸附削弱了金属原子间的结合力,在拉应力作用下引起破裂,这是一项纯机械性破坏理论。吸附理论将破裂临界电位解释为吸附离子达到临界覆盖率时的电位,他还认为破坏性吸附只发生在狭窄的电位范围内。这种理论对离子的特性吸附产生的本质原因并未说明,而且由于韧性金属表面能通常仅为塑性变形功的千分之一,因此仅从吸附降低表面能导致脆断是说不通的。

其他如脆变–脆性破裂两阶段理论、腐蚀产物楔入理论、隧道形蚀孔撕裂理论、快速溶解理论等都是对电化学理论的扩充和发展。尽管迄今为止有如此多机理解释应力腐蚀开裂,但仍然没有一个被普遍接受的机理。

3. SCC 的研究方法

SCC 目前的研究方法主要有恒变形法、恒载荷法、慢应变速率法、断裂力学和电化学测试方法。

(1)恒变形法。

恒变形法是使试样产生一定变形,对其在试验环境中的开裂敏感性进行评定的方法。

(2)恒载荷法。

恒载荷法是将单轴拉伸型的试样沿轴向加载应力的方法。

以上两种方法都在 ASTM 腐蚀试验标准中被采用,试验方法简单但周期较长。

(3)慢应变速率法。

慢应变速率法能在短周期内评定各钢种的应力腐蚀敏感性,由于应变速率在应力腐蚀过程中的重要性,这种方法也可以作为了解机理的手段。

(4)断裂力学。

断裂力学可以用来测试应力腐蚀裂纹扩展速率和应力腐蚀断裂韧性,既可获得工程参量,也能用于阐明应力腐蚀机理,如对比充氢试样和应力腐蚀过程中试样的 K_1 值可区分阳极溶解机理和氢脆机理。

(5)电化学测试法。

因为绝大多数应力腐蚀涉及电化学过程,所以了解合金在介质中电化学行为有助于了解应力腐蚀过程,如对情况完全不明的场合可以用不同电位扫描速度画出阳极极化曲线,在电流有很大差别的区域所对应的电位可以认为是应力腐蚀开裂易于发生的电位。

4. 抗应力腐蚀的试验

本试验采用恒载荷法,试样为棒状光滑试样,两头带有一定长度的螺纹,如图 6.7 所示,试验前样品用丙酮清洗,去掉表面油脂等其他杂物,试样两侧过渡圆弧用硅橡胶保护,试样断裂后由 EDTA 溶液超声波清洗,吹干。

表 7.2 给出了 OCr18Ni9Ti 不锈钢焊接接头抗 H_2S 应力腐蚀的试验结果,试验温度为 18 ~ 24 ℃,焊接接头经拉伸试验测得的屈服强度为 51 kg/mm²,因此,本试验在屈服强度之下分别取 35 kg/mm²、38 kg/mm²、40 kg/mm²、45 kg/mm²,在屈服强度之上取 55 kg/mm²,测得在不同应力下试样断裂的时间,其中在施加 35 kg/mm² 和 38 kg/mm² 应力时,试样在 354 h 内没有断裂。

表 7.2　OCr18Ni9Ti 不锈钢焊接接头抗 H_2S 应力腐蚀的试验结果

编号	试样状态	试验温度 /℃	应力值 /(kg·mm⁻²)	σ_s /%	断裂时间 /h	断裂位置
1	轰击处理	18 ~ 24	35	68.6	>330.3	焊缝
2	未轰击处理	18 ~ 24	35	68.6	>330.3	热影响区
3	轰击处理	18 ~ 24	38	74.5	>354.4	焊缝
4	未轰击处理	18 ~ 24	38	74.5	>354.4	热影响区
5	轰击处理	18 ~ 24	40	78.4	87.5	焊缝
6	未轰击处理	18 ~ 24	40	78.4	33.3	热影响区
7	轰击处理	18 ~ 24	45	88.2	56.2	焊缝
8	未轰击处理	18 ~ 24	45	88.2	27.4	热影响区
9	轰击处理	18 ~ 24	55	107.8	18.0	热影响区
10	未轰击处理	18 ~ 24	55	107.8	35.6	热影响区

图 7.6 所示为 OCr18Ni9Ti 不锈钢接头应力值与断裂时间的关系。从图中可以看出,当施加应力在屈服强度之下时,经表面纳米化处理的不锈钢焊接接头优于未轰击处理的抗应力腐蚀性能,抗应力腐蚀的断裂时间增加一倍多;当施加应力在屈服强度之上时,未处理样品的应力腐蚀断裂时间远远高于处理样品的应力腐蚀断裂时间,而且轰击处理的断裂源大部分发生在焊缝处。

表 7.3 给出了 16MnR 钢焊接接头抗 H_2S 应力腐蚀的试验结果,试验温度同为 18 ~ 24 ℃,焊接接头经拉伸试验测得的屈服强度为 38 kg/mm²,因此,本试验在屈服强度之下分别取 28 kg/mm²、30 kg/mm²、35 kg/mm²,在屈服强度之上取 40 kg/mm²、45 kg/mm²,测得在不同应力下试样断裂的时间,其中在施加 28 kg/mm² 应力时,试样在 354 h 内没有断裂。

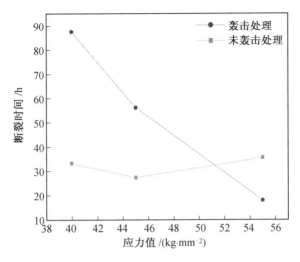

图 7.6　OCr18Ni9Ti 不锈钢接头应力值与断裂时间的关系

表 7.3　16MnR 钢焊接接头抗 H_2S 应力腐蚀的试验结果

编号	试样状态	试验温度 /℃	应力值 /(kg·mm^{-2})	σ_s /%	断裂时间 /h	断裂位置
1	轰击处理	18～24	28	73.7	>354.4	焊缝
2	未轰击处理	18～24	28	73.7	>354.4	热影响区
3	轰击处理	18～24	30	79.0	134	焊缝
4	未轰击处理	18～24	30	79.0	107	热影响区
5	轰击处理	18～24	35	92.1	69.0	焊缝
6	未轰击处理	18～24	35	92.1	56.7	热影响区
7	轰击处理	18～24	40	105.3	24.8	焊缝
8	未轰击处理	18～24	40	105.3	29.9	热影响区
9	轰击处理	18～24	45	118.4	29.4	热影响区
10	未轰击处理	18～24	45	118.4	73.7	热影响区

　　图 7.7 所示为 16MnR 接头应力值与断裂时间的关系。从图中可以看出，当施加应力在屈服强度之下时，经表面纳米化处理的 16MnR 钢焊接接头优于未轰击处理的抗应力腐蚀性能，抗应力腐蚀的断裂时间增加了 25% 左右；当施加应力在屈服强度之上时，未处理样品的应力腐蚀断裂时间高于处理样品的应力腐蚀断裂时间，而且断裂源轰击处理的大部分发生在焊缝处，与不锈钢结果类似。

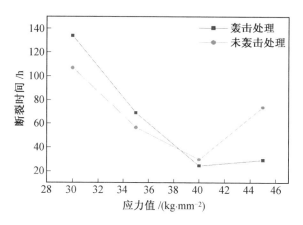

图 7.7　16MnR 接头应力值与断裂时间的关系

已有研究表明,在 H_2S 应力腐蚀环境下,H_2S 首先在水溶液中发生分解,即 $H_2S \rightarrow H^+ + HS^-$,$HS^- \rightarrow H^+ + S^{2-}$。材料在应力作用下,表面钝化膜破裂,铁在水溶液中首先 $Fe \rightarrow Fe^{2+} + 2e$,并由此发生 $Fe^{2+} + S^{2-} \rightarrow FeS$,反应放出的电子被 H^+ 吸收,即 $2H^+ + 2e \rightarrow 2H$。反应生成的 FeS 腐蚀产物存在缺陷结构,其和基体的黏结力差,易脱落且容易氧化,而且电位较正,作为负极和基体构成一个活跃的微电池,在含有 H_2S 的水溶液中不能对进一步的腐蚀提供保护作用,FeS 腐蚀层和结晶颗粒表面有许多裂纹和腐蚀沟槽,这有利于 H_2S 溶液的渗入,使反应继续进行下去。反应生成的 H,一部分结合成 H_2 溢出;一部分进入裂纹尖端塑性区,主要扩散到金属的夹杂物、界面、晶界、偏析区、位错和微孔等缺陷周围,再结合为 H_2,从而产生很高的氢压,当其产生的应力达到一个临界值时,引起氢脆,导致裂纹形成和扩展。在应力和腐蚀介质相互作用下,SCC 裂纹方向与应力方向垂直。

焊接接头经超音速颗粒轰击处理后,接头三个区域表层的显微组织为细小的等轴晶组织,由于晶粒尺寸细小且均匀,在裂纹萌生阶段,氢致裂纹驱动力可由更多细小的晶粒承受,以及晶内和晶界的应变度相差小,因此材料受力均匀,应力集中较小,裂纹不易萌生;在裂纹的扩展阶段,由于纳米晶结构的晶界体积分数高,而且相邻晶粒具有不同取向,当微裂纹由一个晶粒穿越晶界进入另一个晶粒时,微裂纹将在晶界处受到阻碍,同时,一旦微裂纹穿过晶界后,扩展方向发生改变,必然消耗更多的能量,从而微裂纹不易扩展长大,因此经超音速颗粒轰击在表层形成的超细等轴晶以及压应力协同作用使焊接接头抗应力腐蚀性能大大提高,与 G. Echaniz 的晶粒细化改善 SCC 的结果一致。晶粒细化和压应力效应两者比较来说,当外加应力没有超过屈服强度,表面没有产生塑性变形,强化的表层阻止氢向金属中渗透,起到保护作用;当载荷超过屈服强度时,产生塑性变形,表面与基体塑性变形不一致,表层硬度大于基体,表面强化层有裂缝产生,应力和腐蚀氢集中在裂缝位置,相当于有缺陷存在,而没有强化层的材料此时表面和基体属于均匀变形,不容易产生表面层的缺陷,因此当施加应力超过屈服强度时,未处理接抗应力腐蚀断裂时间大于经表面纳米化处理的接头。

　　图 7.8 所示为 0Cr18Ni9Ti 不锈钢接头应力腐蚀断口形貌及 EDS 能谱,从图 7.8(a)中可以看出在断口附近表面上有微小的裂纹,说明在腐蚀介质和拉应力的联合作用下,试样表面有多处裂纹形核,试样在最先形核、扩展占优的裂纹处断裂。从图 7.8(b)中可以看出断裂特征为穿晶断裂。从图 7.8(c)中可以看出断裂后的腐蚀产物含有很高的硫和氧,表明断口上覆盖着大量的铁的硫化物和氧化物。

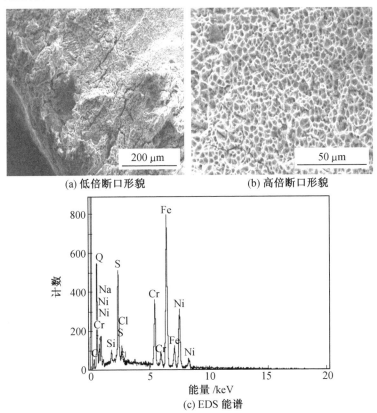

(a) 低倍断口形貌　　　　　　　　(b) 高倍断口形貌

(c) EDS 能谱

图 7.8　0Cr18Ni9Ti 不锈钢接头应力腐蚀断口形貌及 EDS 能谱

　　图 7.9 所示为 16MnR 钢接头应力腐蚀断口形貌及 EDS 能谱,从图 7.9(a)中可以看出,在断口附近表面上有微小的裂纹,断裂变形很小,表现出脆性断裂

特征。从图 7.9(b)中可以看出断口的河流花样,特征为穿晶断裂。从图 7.9(c)中可以看出断口中含有很高的硫、氧和氯,氯化钠中的氯离子与铁作用生成氯化亚铁,说明腐蚀产物由铁的硫化物、氯化物和氧化物组成。

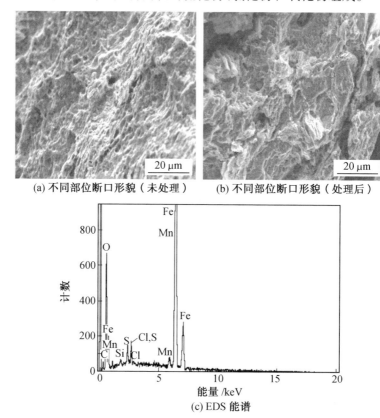

(a) 不同部位断口形貌（未处理）　　(b) 不同部位断口形貌（处理后）

(c) EDS 能谱

图 7.9　16MnR 钢接头应力腐蚀断口形貌及 EDS 能谱

在焊接接头热影响区中的粗晶、硬化及不均匀组织都会增加 SCC 敏感性。研究表明焊接接头各区 SCC 抗力差异很大,在单道焊时,热影响区的粗晶区是 SCC 最敏感的部位。焊态试样断在热影响区,而轰击后的试样大部分断在焊缝处,说明在焊接接头中热影响区是应力腐蚀敏感区域,焊接接头形成后,在表面会有一些显微缺陷(如夹渣、微裂纹等),这些缺陷会加速腐蚀裂纹的形成,增加 SCC 敏感性。

根据机械破裂应力腐蚀开裂机理,焊接接头在应力(包括残余应力、外加载荷等)的作用下将产生不同程度的塑性变形,这种塑性变形会产生滑移台阶,由塑性变形发展到滑移台阶是由于位错的运动造成的。当滑移台阶的高度大于氧化膜的厚度时,会使氧化膜破裂,从而使表面出现断层,于是暴露在腐蚀

介质中的金属会被快速溶解,从而发生 SCC,显然这种腐蚀开裂与滑移台阶的
大小有关,只有出现大的滑移台阶,才能使保护膜破裂。

　　超音速颗粒轰击表面纳米化处理焊接接头,在接头的表面制备出性能优
异、组织均匀的纳米晶,消除表面层组织的不均匀性,同时消除表面存在的一些
微观缺陷,这样可以提高接头抗 SCC 敏感性。表面纳米晶层的存在可以增加
位错运动的阻力,增加接头表面塑性变形抗力,阻碍滑移台阶的形成、发展,所
以表面纳米化可以减小焊接接头 SCC 敏感性。

7.2　表面纳米化小结及展望

　　本试验采用超音速颗粒轰击(SSPB)技术,在 0Cr18Ni9Ti 不锈钢和 16MnR
钢焊接接头表面制备出纳米晶层。母材、热影响区和焊缝三个区域的表层晶粒
尺寸均在 15 ~ 25 nm 之间,表层组织趋于均一化,纳米晶层厚度约为 20 μm。
超音速颗粒轰击 0Cr18Ni9Ti 不锈钢在表面纳米化过程中发生相变,少量亚稳
奥氏体相变成马氏体。

　　通过超音速颗粒轰击处理不仅实现了两种钢材的母材、热影响区和焊缝三
个区域的表层组织均一纳米化,而且显微硬度趋于一致,且远高于轰击处理前,
实现了焊接接头硬度均一化,随着深度的增加而逐渐减小,样品的表面硬度提
高到原来的二倍以上。超音速颗粒轰击法表面纳米化对两种钢焊接接头处理,
通过拉伸试验表明,两种接头的拉伸性能略有提高;弯曲试验表明,对其弯曲性
能没有影响,说明尽管表面纳米化处理可以显著提高两种接头的显微硬度,但
对其韧性并未产生较大影响。

　　经过超音速颗粒轰击处理,在焊接接头的三个区域形成一定深度的残余压
应力层,表层最大压应力值达到或超过未轰击处理材料的屈服强度 σ_s,不锈钢
焊缝压应力层的深度约为 360 μm,低合金钢焊缝压应力层的深度约为220 μm。
经过超音速颗粒轰击处理对两种钢材焊接接头的抗应力腐蚀(SCC)性能有不
同程度的提高。当施加应力低于屈服强度时,轰击处理的 0Cr18Ni9Ti 奥氏体
不锈钢抗应力腐蚀的断裂时间增加了一倍多,16MnR 抗应力腐蚀的断裂时间
增加 25% 左右,0Cr18Ni9Ti 奥氏体不锈钢的抗应力腐蚀性能优于 16MnR 低合
金钢的抗应力腐蚀性能。

　　随着纳米材料研究的不断深入与纳米技术的发展,将表面改性与纳米材料
结合受到人们的重视,其特点是通过提高材料表面性能来提高构件服役性能,
表面纳米化技术被认为是短时间内可将纳米材料应用于工程实际的最重要技
术之一。纳米材料是指结构单元尺度(如多晶材料中的晶粒尺寸)在纳米量级

的材料,其显著结构特点是含有大量晶界或其他界面,从而表现出一些与普通粗晶结构材料截然不同的力学和物理化学性能。纳米化改变了材料表面的结构,有助于大幅提高材料表面化学元素的渗入浓度和深度。表面纳米化为纳米技术与有色金属常规材料结合提供了切实可行的途径,避开了制备块体纳米材料遇到的技术难题,将在工业中发挥巨大的开发应用潜力。

表面纳米化主要会影响材料几个方面的性质:①直接增加材料表面硬度,进一步提高其抗弯强度及抗压强度,增强耐磨耐酸碱腐蚀性能,从而延长其服役寿命,疲劳抗力得到提升,材料的整体性能得到了提升;②可替代一些稀有贵重金属材料,一些传统工业中必须使用的贵重金属往往造成资源的浪费,而人们通过对普通常用材料进行表面纳米化,经过纳米化精细工艺的处理后,普通材料的表层具有的表面性能可与贵重金属比拟,甚至比它们的性能更加优异;③经过表面纳米化处理的材料,比表面积极高,表面性能十分优异,与原先普通材料相比,表面组织细微精致,表面粗糙度极低且活性高,表面纳米化后表层与基底结合紧密,随着科技的进步,表面纳米化加工工艺也在不断提升改进,更多优异的新型材料日益涌现。

尽管表面纳米化发展历史不长,但自提出它后就引起了国内外学者的高度关注,随着这项技术的不断精进,表面纳米化已经取得了许多可喜的成果,材料经过表面纳米化处理后具有优异的综合力学性能及机械性能,将材料的应用范围扩大化,但表面纳米化技术并不能大规模的应用于工业生产中,在实际工业生产应用中存在一些亟待解决问题,包括针对材料制备处不同的工艺参数、材料自身组织性能对表层材料纳米化后的影响及其原理研究、如何制备出性能优良的可规模化生产的纳米化设备等。

总之,纳米材料本身具有优异的性能,纳米材料的制备及纯净化、纳米材料与其他材料的复合以及表面纳米化技术及其机理都是纳米材料技术今后研究的发展方向,有待科研工作者深入研究并得以应用。

参 考 文 献

[1] 贺定勇. 电弧喷涂粉芯丝材及其涂层的磨损特性研究[D]. 北京：北京工业大学, 2004.

[2] BUDINSKI K G. Surface engineering for wear resistance[M]. Englewood：Prentice Hall, 2004.

[3] ANON M C. Thermal spraying：practice, theory, and application[M]. Berlin：Palgrave Macmillan, 1985.

[4] SHEFFLER K D, GUPTA D K. Current status and future trends in turbine application of thermal barrier coatings[J]. Journal of Engineering for Gas Turbines and Power, 2008, 110(4)：606-609.

[5] lRVING B, KNIGHT R, SMITH R W. The HVOF process：the hot test to pie in the thermal spray industry[J]. Welding Journal, 2003(7)：25.

[6] SMITH R W, FAST R D. The future of thermal spray technology[J]. Welding Journal, 2004, (7)：43-50.

[7] XU B S, LI C J, LIU S C, et al. Technology and development of surface engineering and thermal spraying[J]. China Surface Engineering, 2008, 11(1)：3-9.

[8] 王群. 热喷涂(焊)金属 W 涂层 C 组织、性能及抗磨粒磨损行为研究[D]. 长沙：湖南大学, 2011.

[9] HUANG J, LIU Y, YUAN J H, et al. Al/Al$_2$O$_3$ composite coating deposited by flame spraying for marine applications：alumina skeleton enhances anti-corrosion and wear performances[J]. Journal of Thermal Spray Technology, 2014, 23(4)：676-683.

[10] MOUSTFA E M, DIETZ A, HOCHSATTEL T. Manufacturing of nickel/nanocontainer composite coatings[J]. Surface & Coatings Technology, 2013, (216)：93-99.

[11] 张显程. 面向再制造的等离子喷涂层结构完整性及寿命预测基础研究[D]. 上海：上海交通大学, 2007.

[12] LANDES K. Diagnostics in plasma spraying techniques[J]. Surface & Coatings Technology, 2006, 201(5)：1948-1954.

[13] SMITH R W. Equipment and theory, in: a lesson from thermal spray technology, Course 51, Lesson, Test 2, Materials Engineering Institute[M]. New York:ASM International, 2002.

[14] RICKERBY D S, MATTHEWS A. Advanced surface coatings: a handbook of surface engineering[M]. New York: Blackie,2001.

[15] CLARE J H, CRAWMER D E. Thermal spray coatings[M]. New York: ASM International, 2004.

[16] LUO L M, YU J, LIU S G, et al. Microstructure and properties of high velocity arc sprayed FeMnCr Cr$_3$C$_2$ coatings[J]. Transactions of Materials and Heat Treatment, 2009, 30(3): 174-177.

[17] 邓宇. 碳氮合金化耐磨合金电弧喷涂的熔滴过渡行为及涂层性能研究 [D]. 武汉:华中科技大学, 2012.

[18] STEFFENS H D, WEWEL M. Recent development in vacuum arc spraying [C]. Cincinnati: Proceedings of the 2thNTSC,2002.

[19] SCHOOP M U. A new process for the production of metallic coatings[J]. Chemical Engineering and Technology, 2005, (8): 404-406.

[20] BERGANT Z, TRDAN V, GRUM J. Effect of high-temperature furnace treatment on the microstructure and corrosion behavior of NiCrBSi flame-sprayed coating[J]. Corrosion Science, 2014, 88(11): 372-386.

[21] GEDZEVICIUS I, VALIULIS A V. Influence of the particles velocity on the arc spraying coating adhesion[J]. Materials Science, 2006, 9(4): 334-337.

[22] CHEN Y X, XU B S, XU Y, et al. Progress in applying HVAS technology to maintenance & remanufacture engineering[J]. China Surface Engineering, 2006, 19(5): 169-172.

[23] GIFFEN E, MUUASZEW A. The atomization of liquid fuels[J]. London: Champman and Hall,1993.

[24] RAYLEIGH L. On the instability of jets[J]. Proc London Math Soe, 1998, 10: 4-13.

[25] HSIANG L P, FAETH G M. Near limit drop deformation and secondary breakup[J]. Multiphase Flow, 1992, 18(5): 636-652.

[26] RANGER A A, NIEHOLLS J A. Aerodynamic shattering of liquid drops [C]//Florida: AIAA, 1999, 27(2): 286-290.

[27] JOSEPH D D, BELANGER J, BEAVERS G S. Breakup of a liquid drop suddenly exposed to a high-speed air stream [J]. International Journal of Multiphase Flow, 1999, 25(6-7): 1263-1303.

[28] RIZK N K. Fuel atomization effects on combustor performance[C]. 40th AIAA/ASME/ SAE/ASEE Joint Propulsion Conference and Exhibit. Florida: AIAA, 2004.

[29] OLIJACA M, LAL M, LUBARSKY E. Influence of atomization quality on combustion in a swirl combustor[C]. Indianapolis: 38th AIAA/ASME/SAE/ ASEE Joint Propulsion Conference and Exhibit, 2002.

[30] LANE W R. Shatter of drops in streams of air[J]. Industrial & Engineering Chemistry Research, 1951(43): 1312-1317.

[31] LIU J, XU X. Direct numerical simulation of secondary breakup of liquid drops[J]. Chinese Journal of Aeronautics, 2010, 23:153-161.

[32] WANG R J, ZHANG T J, XU l, et al. Performance of large power and high velocity arc sprayed coatings and its application[J]. Welding, 2004(3): 27-30.

[33] DU J L, WU M S, ZHANG Y J. Improvement of atomization effect in arc-spraying by arc-ultrasonic[J]. Materials Protection, 2002, 35(11): 1-2.

[34] KINCAID R W, WITHERSPOON F D. High velocity pulsed wire-arc spray [C]. Montreal: Proceedings of the 16th ITSC, 2000.

[35] XU B S, ZHANG W, XU W P. Influence of oxides on high velocity arc sprayed Fe_2Al/Cr_3C_2 composite coatings [J]. Journal of Central South University of Technology, 2005, 12(3): 259-261.

[36] 贺定勇, 傅斌友, 蒋建敏,等. 含 WC 陶瓷相电弧喷涂层耐磨粒磨损性能的研究[J]. 摩擦学学报, 2007, 27(2): 116-118.

[37] 方建筠, 栗卓新. TiB_2 陶瓷颗粒增强的金属基复合涂层[J]. 焊接学报, 2011, 32(1): 61-64.

[38] JIA H L, SUN H F, LI M G. Development status and prospect of new arc spraying cored wires[J]. Surface Technology, 2005, 34(6): 4-6.

[39] HUANG L B, YU S F, DENG Y, et al. Research Progress and Application of Arc Spraying Cored Wires[J]. Materials Review, 2011, 25(2): 63-65.

[40] ZHU P, LI J C, LIU C T. Combustion reaction synthesis of multilayered nickel and Aluminum foils[J]. Material Science and Engineering A, 2007, 239-240: 532-539.

[41] BABAKHANI A, HAERIAN A, GHAMBARI M. On the combined effect of lubrication and compaction temperature on properties of iron-based PM parts [J]. Materials Science and Engineering A, 2006, 437: 360-365.

[42] NASH P, SINGLETON M F, MURRAY J L. Phase diagrams of Binary Nickel Alloys[M]. New York: ASM International, 2001.

[43] 蔡斌, 李磊, 王照林. 液滴在气流中破碎的数值分析[J]. 工程热物理学报, 2003, 24(4): 613-616.

[44] 楼建锋, 洪滔, 朱建士. 液滴在气体介质中剪贴破碎的数值模拟研究 [J]. 计算力学学报, 2011, 28(2): 210-213.

[45] 魏明锐, 刘永长, 文华. 燃油喷雾初始破碎及二次雾化机理的研究[J]. 内燃机学报, 2009, 27(2): 128-133.

[46] 于亮, 袁书生. 气体介质中液滴破碎的 LES/VOF 数值模拟[J]. 航空计算技术, 2012, 42(6): 58-61.

[47] FEDRIZZI L, ROSSI S, CRISTEL R, et al. Corrosion and wear behaviour of HVOF cermet coatings used to replace hard chromium[J]. Electrochimica Acta, 2004, 49: 2803-2814.

[48] 王志平. 超音速火焰喷涂 W 涂层 C 抗热疲劳性能的研究[J]. 焊接, 2005(11): 46-48.

[49] 周克崧. 热喷涂技术代替电镀硬铬的研究进展[J]. 中国有色金属学报, 2004(5): 182-192.

[50] HAMATANI H, ICHIYAMA Y, KOBAYASHI J. Mechanical and thermal properties of HVOF sprayed Ni based alloys with carbide[J]. Science and Technology of Advanced Materials., 2002, 3 (4): 319-326.

[51] 霍树斌, 孙剑飞, 王志平, 等. 板坯连铸结晶器 Co 基合金涂层抗冷热疲劳性能研究[J]. 焊接, 2005(12): 44-47.

[52] 利益明, 谭兴海. 连铸结晶器短边铜板的热喷涂技术[C]. 重庆: 第六届国际热喷涂研讨会, 2003.

[53] 陈敬辉. 基于虚拟样机的航母跑道涂层耐冲击试验机的设计与仿真 [D]. 哈尔滨: 哈尔滨工业大学, 2009.

[54] 刘金利. 基于虚拟样机的航母跑道涂层热性能试验机的设计与仿真 [D]. 哈尔滨: 哈尔滨工业大学, 2009.

[55] WADLEY H N G. Method and apparatus for jet blast deflection[J]. Modern Paint and Coatings, 2007, 12: 6.

[56] DONG S S, HOU P, YANG H B, et al. Synthesis of intermetallic NiAl by SHS reaction using coarse-grained nickel and ultrafine-grained aluminum produced by wire electrical explosion [J]. Intermetallics, 2002, 10: 217-223.

[57] WANG X, HEBERLEIN J, PFENDER E, et al. Effect of nozzle configuration, gas pressure, and gas type on coating properties in wire arc spray[J]. Journal of Thermal Spray Technology, 1999, 8(4): 566-575.

[58] FORDN L, BENGTSSON S, BERGSTRM M. Comparison of high performance PM gears manufactured by conventional and warm compaction and surface densification[J]. Powder Metallurgy, 2005, 4: 10-12.

[59] GREWAL H S, SINGH H. AGRAWAL A. Microstructural and mechanical characterization of thermal sprayed nickel-alumina composite coatings[J]. Surface & Coatings Technology, 2013, 216(15): 78-92.

[60] WILHELM C, CAILLEL G, WRIGHT N, et al. Mechanical properties and microstructure characterization of coated AM2 Al 6061-T6 mats exposed to simulated thermal blast[J]. Engineering Failure Analysis, 2009, 16(1): 1-10.

[61] EDRISY A, PERRY T, CHENGH Y T, et al. The effect of humidity on the sliding wear of plasma transfer wire arc thermal sprayed low carbon steel coatings[J]. Surface & Coatings Technology, 2001,146-147(1): 571-577.

[62] GREWAL H S, AGRAWAL A, SINGH H B, et al. Slurry erosion performance of Ni-Al$_2$O$_3$ based thermal-sprayed coatings: effect of angle of impingement [J]. Journal of Thermal Spray Technology, 2014, 23 (3): 389-401.

[63] GEORGIEVA P, THORPE R, YANSKI A. An innovative turn over for the wire arc spraying technology[J]. International Thermal Spray and Surface Engineering, 2006, 1(2): 68-69.

[64] ZHU Y L, MA S N, YANG C H, et al. Investigation on microstructure and tribological properties of cored wire arc sprayed Al/Al$_2$O$_3$ coatings[J]. Acta Metallurgica Sinica, 1999, 12(5): 988-994.

[65] RABINOVICH G S, BEAKE B D, ENDRINO J L, et al. Effect of mechanical properties measured at room and elevated temperatures on the wear resistance of cutting tools with TiAlN and AlCrN coatings[J]. Surface & Coatings Technology, 2006, 200(20-21): 5738-5742.

[66] XING Y Z, WEI Q L, JIANG C P, et al. Abrasive wear behavior of cast iron coatings plasma-sprayed at different mild steel substrate temperatures[J]. International Journal of Minerals, Metallurgy, and Materials, 2012, 19(8): 733-738.

[67] LOPEZ G A, SOMMADOSSI S, ZIEBA P, et al. Kinetic behaviour of diffusion-soldered Ni/Al/Ni interconnections[J]. Materials Chemistry and Physics, 2003, 78(2): 459-463.

[68] POUR H A, LIEBLICH M, SHABESTARI S G, et al. Influence of pre-oxidation of NiAl intermetallic particles on thermal stability of Al/NiAl composites at 500 ℃[J]. Scripta Materialia, 2005, 53(8): 977-982.

[69] PRETORIUS R, REUS R, VREDENBERG A M, et al. Use of the effective heat of formation rule for predicting phase formation sequence in Al Ni systems[J]. Materials Letters, 2005, 9(12): 494-499.

[70] 雷军鹏, 董星龙, 赵福国, 等. Fe(Ni)-Sn体系金属间化合物纳米颗粒中初生相的预测[J]. 金属学报, 2008, 44(8): 922-926.

[71] JAIN M, GUPTA S P. Formation of intermetallic compounds in the Ni-Al-Si ternary system[J]. Materials Characterization, 2003, 51(4): 243-257.

[72] RASHIDI A M. Isothermal oxidation kinetics of nanocrystalline and coarse grained nickel: experimental results and theoretical approach[J]. Surface & Coatings Technology, 2011, 205(17-18): 4117-4123.

[73] TSAI P C, TSENG C F, YANG C W, et al. Thermal cyclic oxidation performance of plasma sprayed zirconia thermal barrier coatings with modified high velocity oxygen fuel sprayed bond coatings[J]. Surface & Coatings Technology, 2013, 228(S1): S11-S14.

[74] PFLUMM R, DONCHEV A, MAYER S, et al. High-temperature oxidation behavior of multi-phase Mo-containing γ-TiAl-based alloys[J]. Intermetallics, 2014, 53: 46-55.

[75] DREHMANN R, RUPPRECHT C, WIELAGE B, et al. Thermally sprayed diffusion barrier coatings on C/C light-weight charging racks for furnace applications[J]. Surface & Coatings Technology, 2013, 214: 144-152.

[76] GONG S K, ZHANG D B, XU H B, et al. Thermal barrier coatings with two layer bond coat on intermetallic compound Ni_3Al based alloy[J]. Intermetallics, 2004, 13(3): 296-299.

[77] 孙岩, 刘瑞岩, 张俊善, 等. NiAl基金属间化合物的研究进展[J]. 材料

导报, 2003, 17(7): 10-13.

[78] LI H T, GUO J T, YE H Q. Advances in fabrication process and improvement of the ductility and toughness of NiAl and intermetallic compounds for structural application [J]. Rare Metal Materials and Engineering, 2006, 35(7): 1162-1166.

[79] 崔洪芝. 多孔金属间化合物/陶瓷载体材料研究[D]. 北京:中国石油大学, 2009.

[80] YOON E H, HONG J K, HWANG S K. Mechanical alloying of dispersion-hardened Ni_3Al-B from elemental powder mixture[J]. Journal of Material Engineering Performance, 2007, 6: 106-112.

[81] 秦琳晶. Ni-Al系金属粉末材料与钢燃烧合成焊接的基础研究[D]. 长春:吉林大学, 2009.

[82] WANG J X, LIU J S, ZHANG L Y, et al. Microstructure and mechanical properties of twin-wire arc sprayed Ni-Al composite coatings on 6061-T6 aluminum sheet [J]. International Journal of Minerals, Metallurgy and Materials, 2014, 21(5): 469-478.

[83] WANG J X, WANG G X, LIU J S, et al. Microstructure of Ni-Al powders and Ni-Al composite coatings prepared by twin-wire arc spraying [J]. International Journal of Minerals, Metallurgy and Materials, 2016, 23(7): 810-818.

[84] 王吉孝,孙剑飞,王志平,等. 双丝电弧喷涂Ni-5%Al涂层性能分析[C]. 洛阳:ITSS'2013国际热喷涂会议,2013.

[85] 王志平. 超音速火焰喷涂技术特性分析与土层性能及测试试验方法的研究[D]. 北京:机械科学研究院, 2000.

[86] 袁晓光. 快速凝固高硅铝合金的微观组织及力学性能[D]. 哈尔滨:哈尔滨工业大学, 1997.

[87] 张铁军. 连铸机结晶器铜板电镀镍-钴(Ni-Co)合金工艺[J]. 鞍钢技术, 2003, 1: 18-21.

[88] KOBAYASHI M, MATSUI T, MURAKAKAMIT Y. Mechanism of creation of compressive residual stress by shot peening [J]. International Journal of Fatigue, 1998, 20: 351-357.

附录　部分彩图

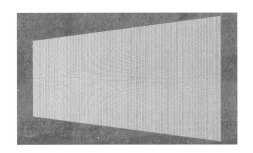

图 2.14

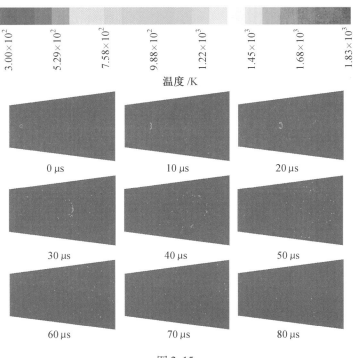

图 2.15

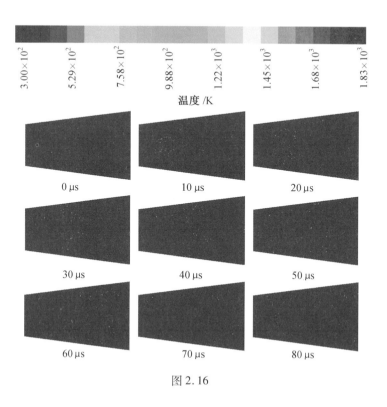

图 2.16

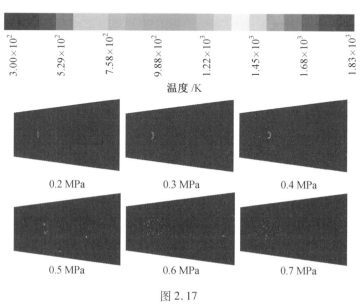

图 2.17

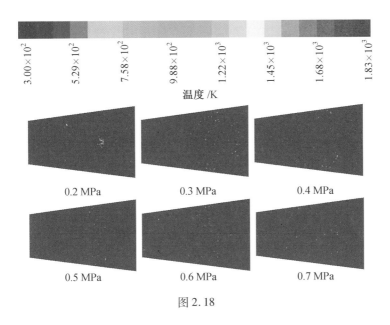

图 2.18

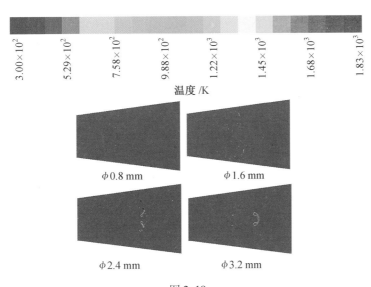

图 2.19

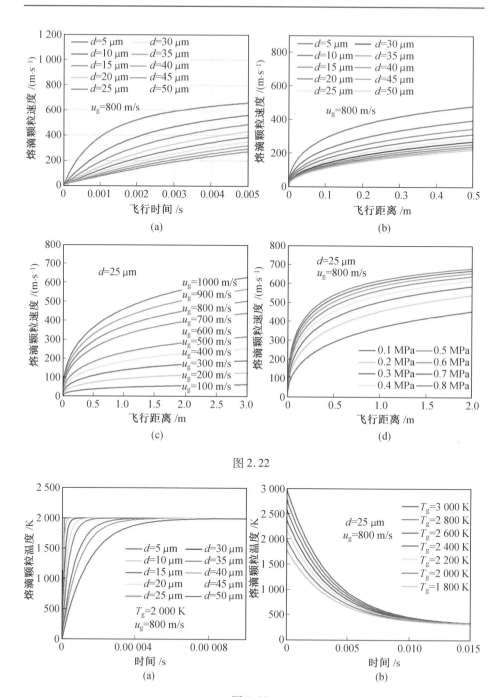

图 2.22

图 2.23

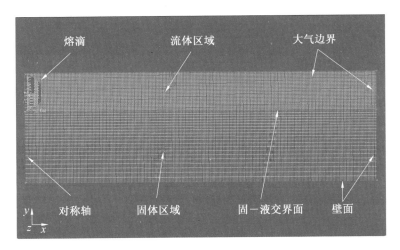

图 2.24

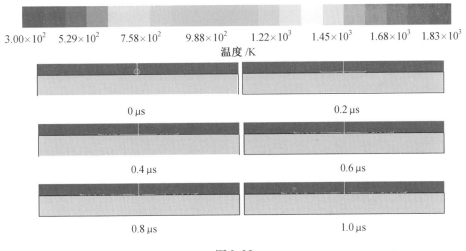

图 2.25

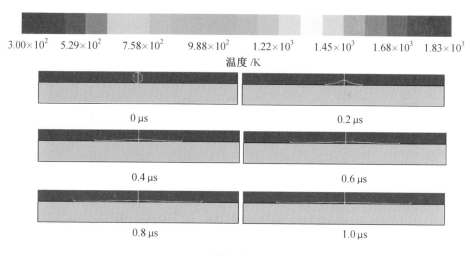

图 2.26

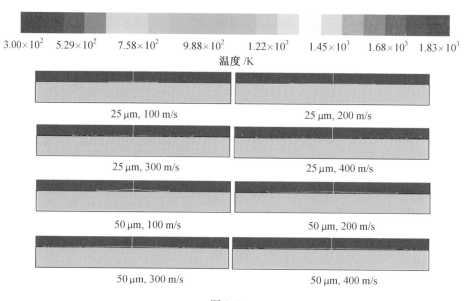

图 2.27

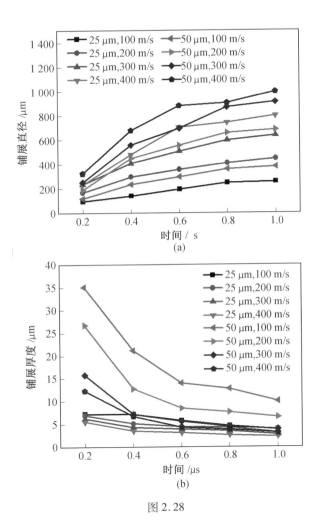

图 2.28

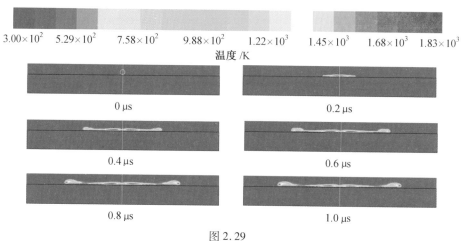

图 2.29

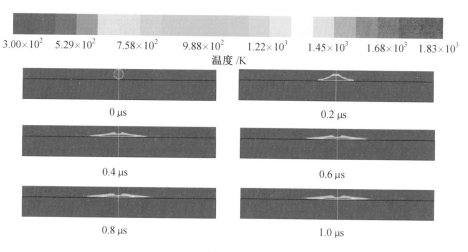

图 2.30

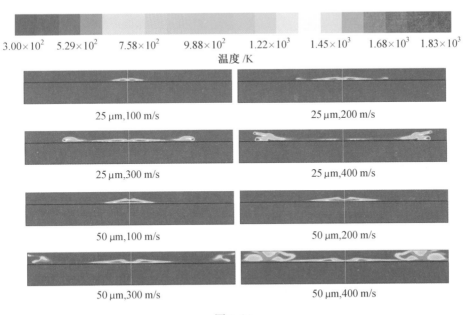

图 2.31

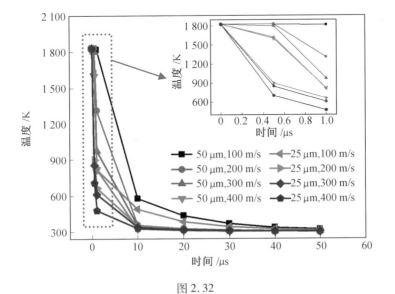

图 2.32

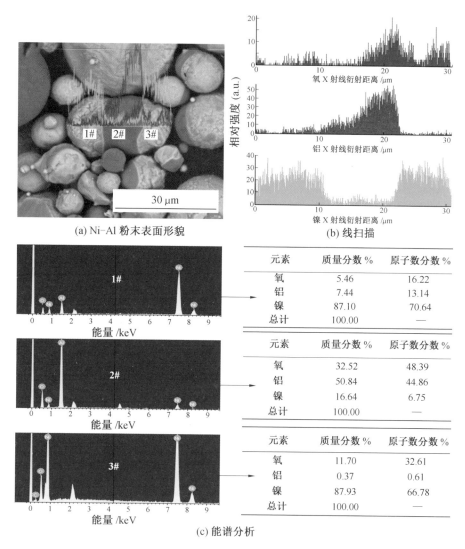

(a) Ni-Al 粉末表面形貌　　　　　　　(b) 线扫描

元素	质量分数 %	原子数分数 %
氧	5.46	16.22
铝	7.44	13.14
镍	87.10	70.64
总计	100.00	—

元素	质量分数 %	原子数分数 %
氧	32.52	48.39
铝	50.84	44.86
镍	16.64	6.75
总计	100.00	—

元素	质量分数 %	原子数分数 %
氧	11.70	32.61
铝	0.37	0.61
镍	87.93	66.78
总计	100.00	—

(c) 能谱分析

图 2.35

(a) Al$_2$O$_3$ 颗粒形貌

元素	质量分数 %	原子数分数 %
氧	32.48	44.79
铝	67.52	55.21
总计	100.00	—

(b) 能谱分析

图 2.36

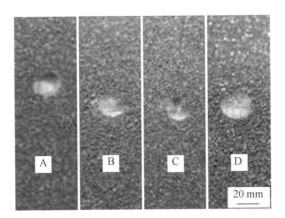

图 3.11

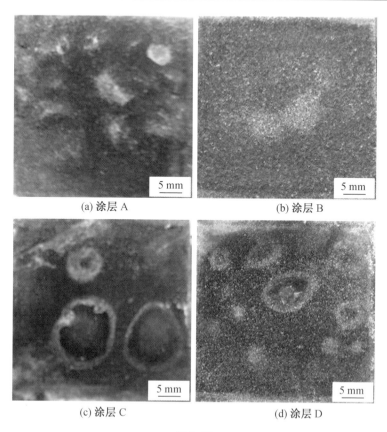

(a) 涂层 A　　　　　　　　　　(b) 涂层 B

(c) 涂层 C　　　　　　　　　　(d) 涂层 D

图 3.12

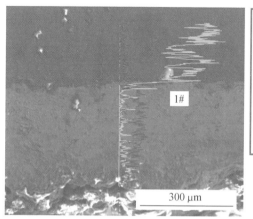

(a) Ni-Al 涂层界面形貌

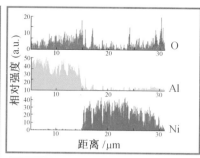

编号	Ni的原子 数分数/%	Al的原子 数分数/%	相组成
1#	24.35	75.65	NiAl₃

(b) 线扫描及相组成

图 3.35

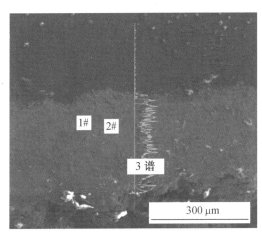

(a) Ni-Al 涂层界面形貌

(b) 线扫描及相组成

编号	Ni 的原子数分数/%	Al 的原子数分数/%	相组成
1#	23.48	76.65	NiAl$_3$
2#	37.76	62.24	Ni$_2$Al$_3$

图 3.36

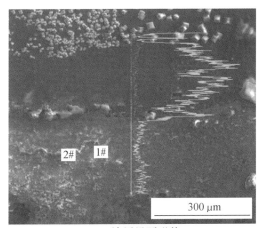

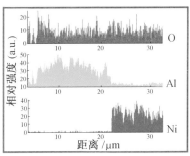

(a) Ni-Al 涂层界面形貌

(b) 线扫描及相组成

编号	Ni 的原子数分数/%	Ni 的原子数分数/%	相组成
1#	24.24	75.76	NiAl$_3$
2#	39.36	60.64	Ni$_2$Al$_3$

图 3.37